知道了更有趣的

人體解剖圖鑑

監修●松本内科診所院長
松本佐保姫
漫畫●あらいぴろよ

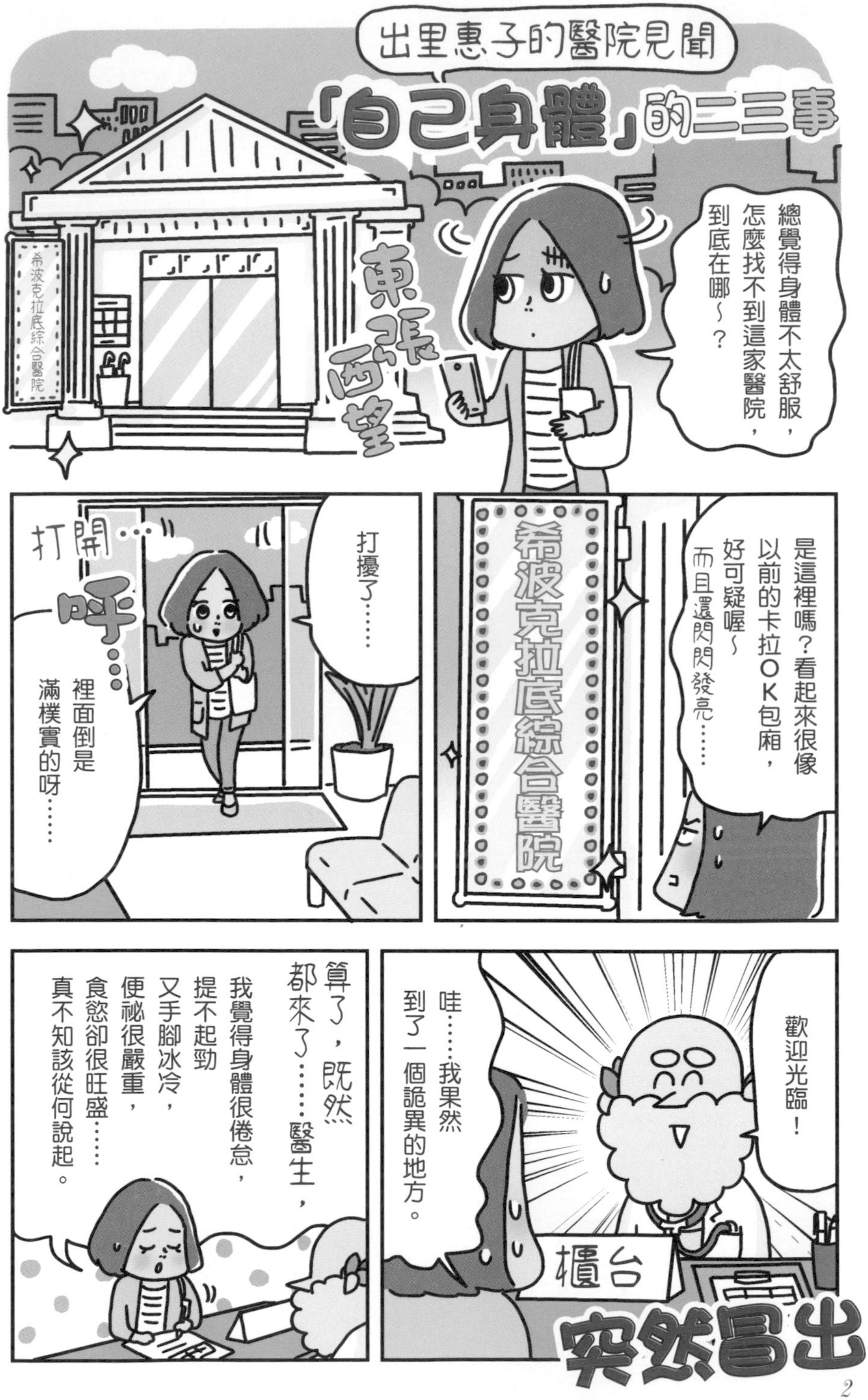
出里惠子的醫院見聞
「自己身體」的二三事
希波克拉底綜合醫院
東張西望
總覺得身體不太舒服，怎麼找不到這家醫院，到底在哪～？
是這裡嗎？看起來很像以前的卡拉OK包廂，好可疑喔～
而且還閃閃發亮……
希波克拉底綜合醫院
打開…
呼…
打擾了……
裡面倒是滿樸實的呀……
歡迎光臨！
哇……我果然到了一個詭異的地方。
櫃台
突然冒出
算了，既然都來了……醫生，
我覺得身體很倦怠，提不起勁又手腳冰冷，便祕很嚴重，食慾卻很旺盛……真不知該從何說起。

妳的生活作息混亂！我一看便知！
被說中了!!
一語道破
呵呵呵……
畢竟我已經當了差不多二五〇〇年的醫生啦。
希波克拉底
古希臘醫生。對西方醫學影響甚鉅，還被譽為「醫學之父」。
日本的紫式部、德川家康，還有小野小町，都曾是本醫院的患者呢。
救救我吧，醫生
咳咳咳
什麼！全是歷史上的人物！
好厲害
病歷
呵呵呵呵……
說說妳有什麼樣的症狀吧？
來，妳先吸氣～吐氣～
就是無法消除身體的疲倦，如果得了什麼可怕的疾病該怎麼辦……。
為了妳的健康著想，首要之務便是先確實瞭解身體的運作機制！
這方面我瞭解的可多囉～像是美白的祕訣，或是如何喝酒不會宿醉之類的。
呼
不對，我說的是身體內部！來，出發前往人體之路吧！
咦？什麼意思？
碎步快走

前言

我們身體裡的細胞與器官總是24小時持續運作，片刻不休，在我們沒有意識到的地方支撐著我們的身體。

我們平日裡會不自覺地呼吸、吃飯、哭、笑、睡覺，而大腦、心臟、腎臟、肝臟、肺臟與消化道等在這期間仍一刻不停歇地努力運作著。

說起來，人類身體的功能涉及細胞層面，乃至各個組織與器官，複雜地交互影響，協調地發揮作用以維持生命。唯有在這套複雜的生理機制未能如常運作而陷入生病狀態時，我們才會留意到自己的身體。然而，電視與網路上充斥著大量的健康資訊，哪些是正確的？哪些是錯誤的？是否適用於自己的身體？只會引發不必要的焦慮罷了。

編寫本書的初衷，是希望幫助大家理解我們體內持續運作不懈的細胞與各器官的基本機制，並作為預防或治療疾病的一種入門管道。倘若大家能讀得津津有味，將會是筆者莫大的榮幸。

松本佐保姬

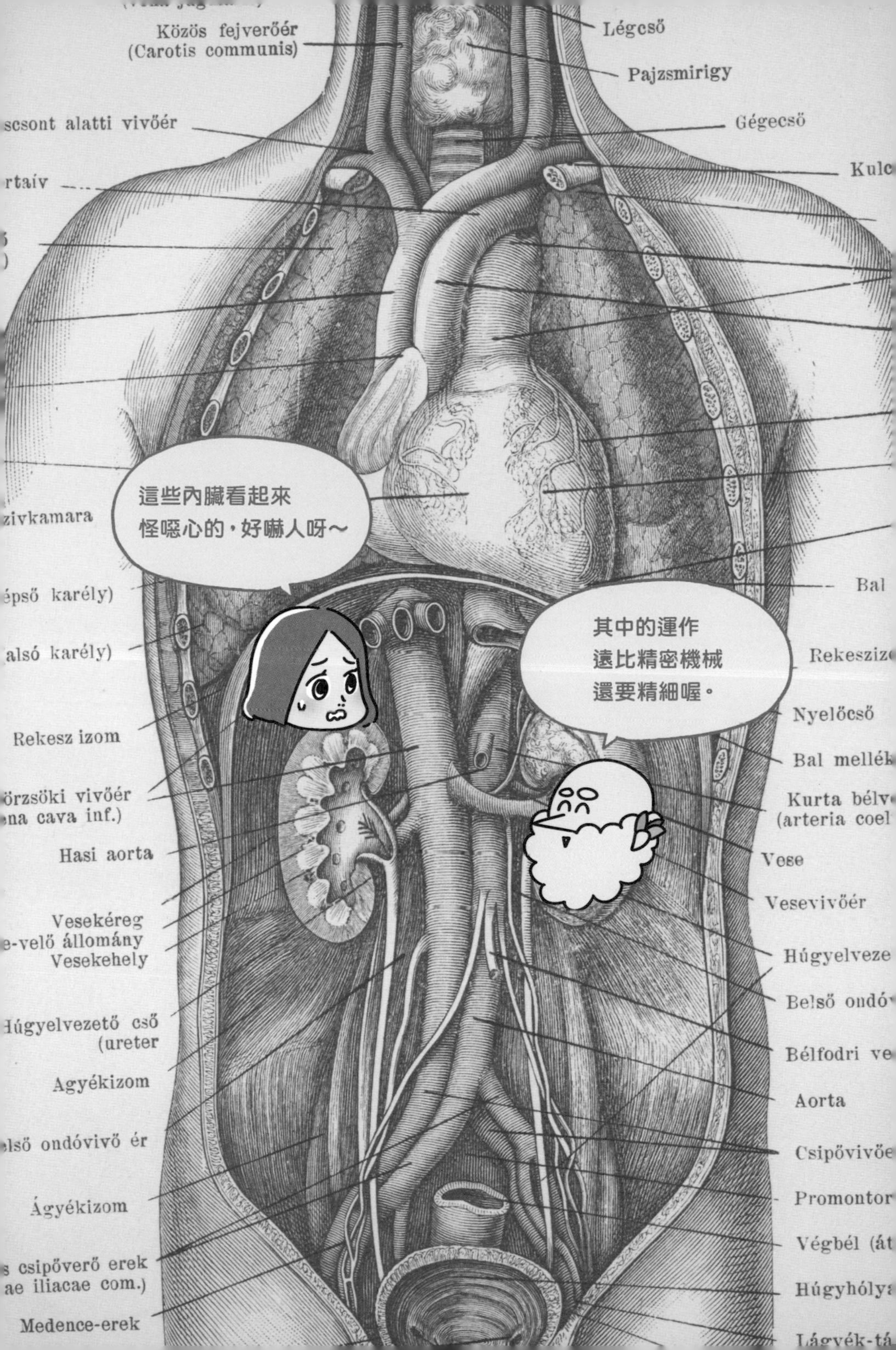
這些內臟看起來
怪噁心的，好嚇人呀～
其中的運作
遠比精密機械
還要精細喔。
Közös fejverőér
(Carotis communis)
Légcső
Pajzsmirigy
scsont alatti vivőér
Gégecső
rtaív
Kulc
zivkamara
Bal
épső karély)
alsó karély)
Rekeszizo
Rekesz izom
Nyelőcső
Bal mellék
örzsöki vivőér
na cava inf.)
Kurta bélv
(arteria coel
Hasi aorta
Vese
Vesevivőér
Vesekéreg
e-velő állomány
Vesekehely
Húgyelveze
Belső ondó
Húgyelvezető cső
(ureter
Bélfodri ve
Agyékizom
Aorta
lső ondóvivő ér
Csipővivőe
Ágyékizom
Promontor
Végbél (át
s csipőverő erek
ae iliacae com.)
Húgyhólya
Medence-erek
Lágyék-tá

細胞小將
肩負著運送重要文件（DNA）的重責大任。

嘴男
大嘴巴為其特色，喜歡吃硬的食物。

食道哥
吞嚥快速，理解力佳，是具備常識的類型。

胃三郎
為了打造能承受大吃大喝的胃囊，每天都勤奮地進行肌肉訓練。

小太郎
能快速吸收知識，是名優秀的高材生。

大腸君
個性憨直的大學生。兼差管理著腸內的細菌。

肝藏先生
「肝臟工廠」的廠長。喜歡喝酒，但是防宿醉的對策做得滴水不漏。

胰藏君
雖然不起眼，但實際上負責舉足輕重的工作。

紅血球小將

臉圓滾滾而受喜愛的療癒系吉祥物。實際上每隔數月便會換角。

愛心小將

有別於紅血球小將，適用於終身雇用制，所以可依自己的步調來運作。

淋巴小姐

美女治療師，也是位對抗細菌與病毒的女戰士。

豆子妹妹

其實有個雙胞胎妹妹。喜歡八卦。

膀子小姐

超級啤酒愛好者。明明是女孩子，卻為啤酒肚發愁。

水戶妹妹

天真爛漫又心直口快，卻讓人討厭不起來。

膽膽先生

每天從肝臟先生的「肝臟工廠」採買新鮮的「膽汁」。

南西妹妹
非常情緒化，不過周遭的人都對此瞭然於心並巧妙地與她和睦相處。

麥可君
往往扮演自娛娛人的小丑角色，但實際上是個疼愛老婆的紳士。

小右與小左
在生活中互相交換訊息並彼此扶助。

Mr. Little Brain
運動神經絕佳的舞者，可說是十八般武藝樣樣精通。

膚子小姐
任職於百貨公司，為化妝品公司美容部的成員。是極其狂熱的美容迷。

花子妹妹
鼻道暢通，唱功一流。

咬子小姐
興趣是四處尋求美食的美食家OL。

牙太郎
以一口潔白牙齒為傲的美男子。

眼子小姐
視力媲美馬賽族，有提升魅力之效的無度數彩色隱形眼鏡為其必需品。

耳子小姐
喜歡巨大聲響，興趣是在休假日參加重金屬樂團的現場演奏會。

肌肉男
對肌肉訓練十分狂熱的上班族。一有機會就撕破西裝。

骸骨君
靈魂寄宿於小學骨骼標本上的骸骨男。

喉美女士

演歌界的泰斗。除了偶爾舉辦演唱會外，也會開辦卡拉OK課程。

肺雙君

為樂團的主唱，為了提升聲量而成功戒菸。

角色介紹

本書中出現的2名主角。

雖然討厭太艱深的學問，但是我想變健康！

出里惠子

愛喝酒又貪吃，年約三十的女性。在人前很風趣，實則心思細膩，健康容易亮紅燈。

身體相關的一切都交給我負責！

希波克拉底
（希波先生）

古希臘醫生，醫生資歷超過2500年。現任希波克拉底綜合醫院的院長，對現代醫學也知之甚詳。

- 編寫本書的目的在於，以淺顯易懂的方式向大眾解說與身體的結構與疾病相關的基礎內容。書中所記述的疾病內容等未必適用於每一個人。如察覺相關症狀或疾病，請務必諮詢專科醫生。
- 本書的內容是根據日本初版製作時的資訊編輯而成。

第1章 細胞

「身體的基礎」

氣喘吁吁
希波先生，還要繼續走嗎？我已經累了……
呼～
加油!!
再走一段就到囉！
通往人體之路
入口
對了，從剛剛就一直有什麼東西跟在後頭耶。
啾啾
啾啾
這是什麼……？
喔～!!
看到這些小傢伙，表示目的地快到了。
過來吧～
啾啾
啾啾
啾～!!
我是細胞!!
這些孩子就是細胞，是打造惠子小姐身體的小微粒喔。
來吧，妳吃吃看這個。
你是什麼時候準備野餐組的啊…

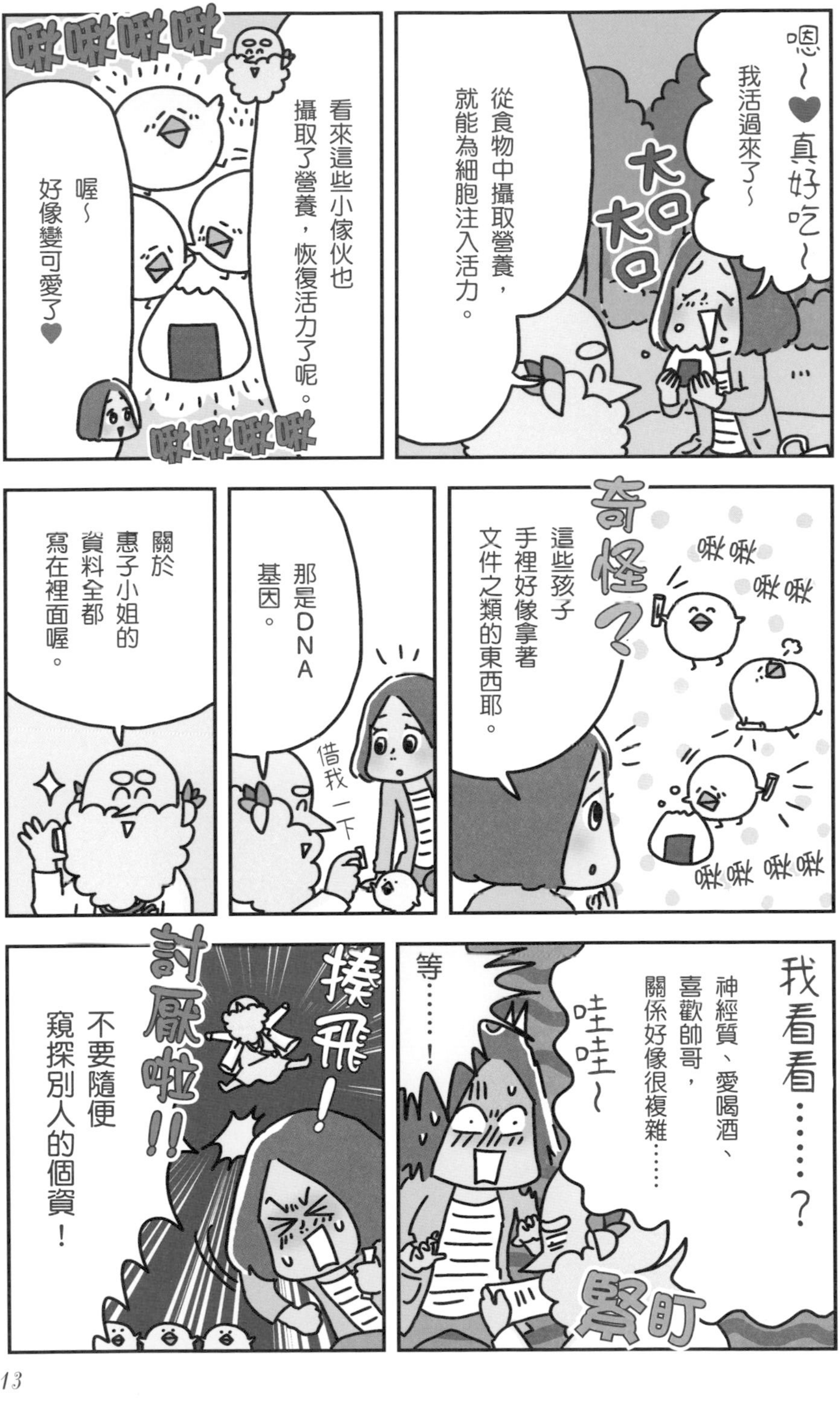
嗯～♥真好吃～
我活過來了～
大口大口
從食物中攝取營養，就能為細胞注入活力。
…
啾啾啾啾
看來這些小傢伙也攝取了營養，恢復活力了呢。
喔～好像變可愛了♥
啾啾啾啾
奇怪？
這些孩子手裡好像拿著文件之類的東西耶。
啾啾
啾啾
啾啾 啾啾
那是DNA基因。
借我一下
關於惠子小姐的資料全都寫在裡面喔。
我看看……？
神經質、愛喝酒、喜歡帥哥，關係好像很複雜……
哇哇～
等……！
緊盯
揍飛！
討厭啦!!
不要隨便窺探別人的個資！

人體是由細胞所組成，而細胞即為「生命的最小單位」

我們每天都會呼吸，並透過飲食來攝取營養，藉此生存下來。為什麼活著需要氧氣與營養呢？其中關鍵在於細胞的活動。

人體是由細胞所組成，而細胞是生命的最小單位。其數量竟高達約60兆個。細胞基本上是由細胞核、細胞質與細胞膜所構成。細胞核內含有基因，亦即DNA。以DNA訊息建構而成的蛋白質會在體內活動。此外，細胞質中的粒線體會利用葡萄糖與氧氣來製造ATP，作為身體的能量來源。為了製造充分的ATP以供人體活動之用，必須從體外攝取氧氣與營養。

話說回來，大家是否認為，所有的細胞都會持續汰舊換新呢？然而，實際上只有少數細胞會持續分裂。眾所周知，至少在一般狀態下，大腦的神經細胞與心臟的心肌細胞是不會再生的。大多數的細胞平時並不會分裂，唯有特殊情況下才會分裂。此外，一旦超過既定次數後，就不會再分裂。當這種規則被打破的狀態即所謂的「癌症」。在某些突發狀況下，細胞的DNA會產生變化而擅自開始分裂，有時會破壞正常的細胞。

細胞小將

身體雖小，卻肩負著運送重要文件（DNA）的重責大任。

細胞的構造為何？

細胞是生命的最小單位。
其中不僅有攜帶基因訊息的DNA，
還含有各式各樣的胞器，
彼此合作以持續運作。

細胞核

包覆於雙層的核模之中，擁有攜帶基因訊息的DNA。

內質網

合成蛋白質與脂質後，運至高基氏體。

溶體

內含消化酵素，分解不再需要的物質。

高爾基體（高基氏體）

加工並分泌蛋白質。

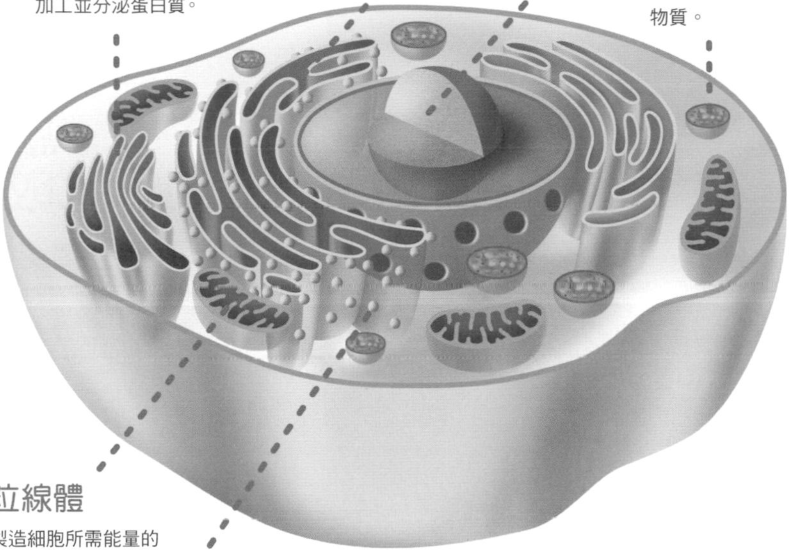

粒線體

製造細胞所需能量的器官。

核醣體

製造蛋白質的器官。

啾啾……
（被看得這麼仔細，真是太害羞了。）
細胞雖小，
內部卻很複雜呢～

Check point

細胞質與細胞膜

細胞膜是隔開細胞內外的膜，而細胞質則是指細胞內側、細胞核以外的部分。

組織是由具備相同形態與功能的細胞匯集而成

構成人體的細胞有各式各樣的形態與功能。屬於同一套系統的細胞會組成一個群體，即所謂的組織。若比喻為公司，必須有人事部、會計部與業務部等多個部門才能組成一家公司。人體的器官也是由作用各異的組織組合而成。

組織可分為上皮組織、結締組織、肌肉組織與神經組織4種類型。上皮組織是面向體外的組織。細胞有單層、多層、扁平或細長等各式各樣的形態，但是全都位於基底膜的上方。因此，一般認為基底膜的內側屬於身體內部。皮膚的表面為上皮組織，這點很容易理解，不過體內的胃、腸、尿道、膀胱、子宮與輸卵管等處也被上皮細胞覆蓋，所以舉個例來說，「胃內」便成了「體外」。

結締組織不但可連接或填充各個器官之間的空隙，還有支撐骨頭、軟骨等人體的作用，且一定含有膠原蛋白纖維。此外，肌肉組織可分為3大類，分別是可憑自己意志活動的骨骼肌、形成內臟與血管壁層且可自動運作的平滑肌，以及打造心臟的心肌。最後的神經組織則是神經細胞的集合體，負責將外界的訊息傳遞至腦部，再將腦部的指令傳至各個部位。

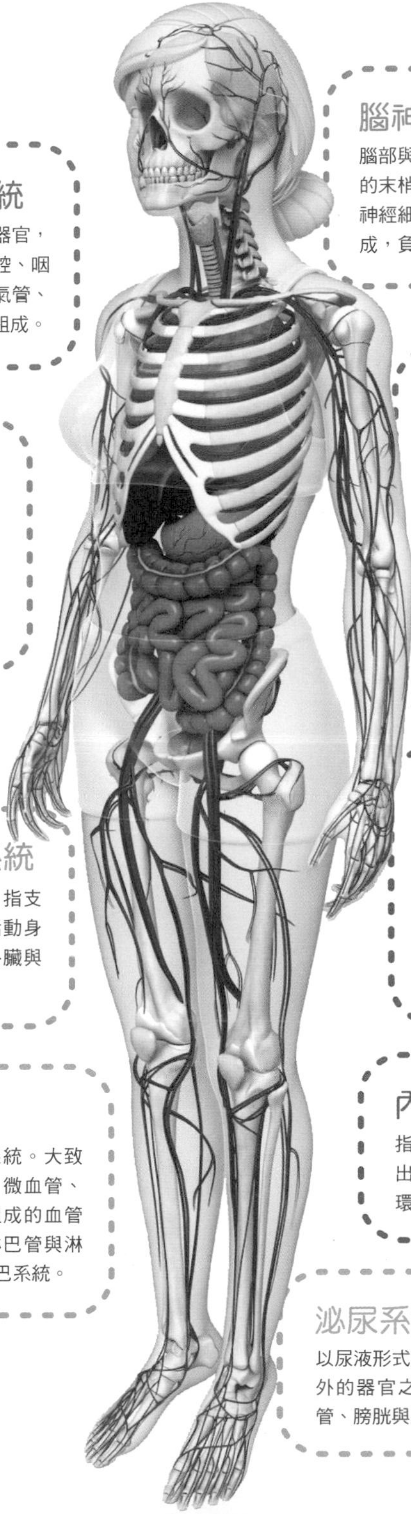

腦神經系統

腦部與直接從腦部延伸出來的末梢神經之統稱。主要由神經細胞之間的連結打造而成，負責傳遞與處理訊息。

呼吸系統

進行呼吸的器官，由肺臟、鼻腔、咽頭、喉頭、氣管、支氣管等所組成。

消化系統

暫時儲存所食之物，經消化、吸收營養後排出，執行這一系列過程的器官。是由嘴巴、食道、胃、十二指腸、小腸、大腸到肛門，依序串聯成一條管道所組成，還含括肝臟、胰臟等製造消化液的附屬器官，以及如膽囊般儲存消化液的附屬器官。

感覺系統

指接受體內外刺激的器官。含括視覺器官、平衡聽覺器官、嗅覺器官、味覺器官等。

生殖系統

由生殖相關器官所構成的系統。女性有陰唇、會陰、陰阜、陰道、子宮、輸卵管與卵巢等；男性則是陰莖、陰囊、輸精管、精囊、前列腺、射精管等。

肌肉骨骼系統

又稱為運動系統，指支撐身體的骨骼與活動身體的肌肉，不含心臟與內臟的肌肉。

內分泌系統

指分泌荷爾蒙的器官。分泌出來的荷爾蒙會透過血液循環至全身。

循環系統

讓體液循環的系統。大致區分為由動脈、微血管、靜脈與心臟所組成的血管系統，以及由淋巴管與淋巴結所組成的淋巴系統。

泌尿系統

以尿液形式將血中老廢物質排出體外的器官之統稱。由腎臟、輸尿管、膀胱與尿道所組成。

維持體液恆定平衡的機制

構成人體的最大要素為何？答案是占成人體重約60％的水分。體內的水分是電解質（溶入營養或水中就會化為離子物質）與氣體等溶解而成的體液。體液可大致分為分布於細胞內的細胞內液與分布於細胞外的細胞外液。細胞外液在血液內稱為血漿，在血管外則稱為間質液（組織液、組織間液）。為了讓細胞生存，環繞細胞周圍的細胞外液必須維持恆定狀態。自動調節此狀態的系統即所謂的內在環境恆定（恆定性）。

此外，有鈉、鉀與鈣等各式各樣的電解質溶解於體液之中，各自發揮著不同的作用。比方說，細胞內有大量的鉀，而細胞外則有豐富的鈉。如果有鈉離子進入細胞內，會被排出細胞外，並把鉀離子帶進細胞內，維持細胞內的鈉離子濃度低於細胞外。

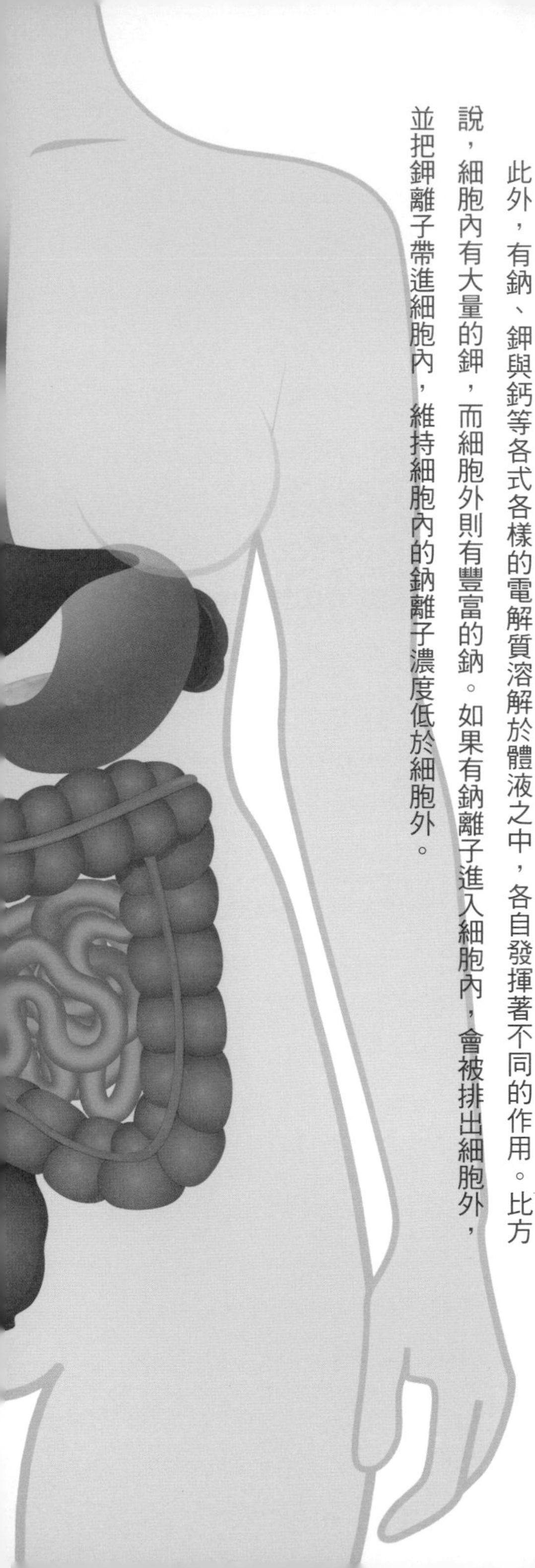

飲食最大的目的在於攝取營養素

健康與飲食有著密不可分的關係。我們每天都要進食，但究竟為什麼非吃不可呢？

若從健康的角度來思考，首要之務便是持續補給能量來源，也是為了建構人體。構成身體的細胞若未能進行代謝並修復壞損的部分，身體狀況會漸漸出現異常。其所需的素材就含在食物之中，即所謂的營養素。

若從化學的角度來看，食物中所含的營養素是人體必備的化學物質，而飲食便是將之攝入體內。營養素的種類繁多，有碳水化合物、蛋白質、脂質、維生素類等。這些營養素的作用大致有三。第一是化為身體的能量來源，第二是作為建構人體的素材，而第三則是調整身體狀態，以便順暢運用這些作為能量來源或人體素材的營養素。

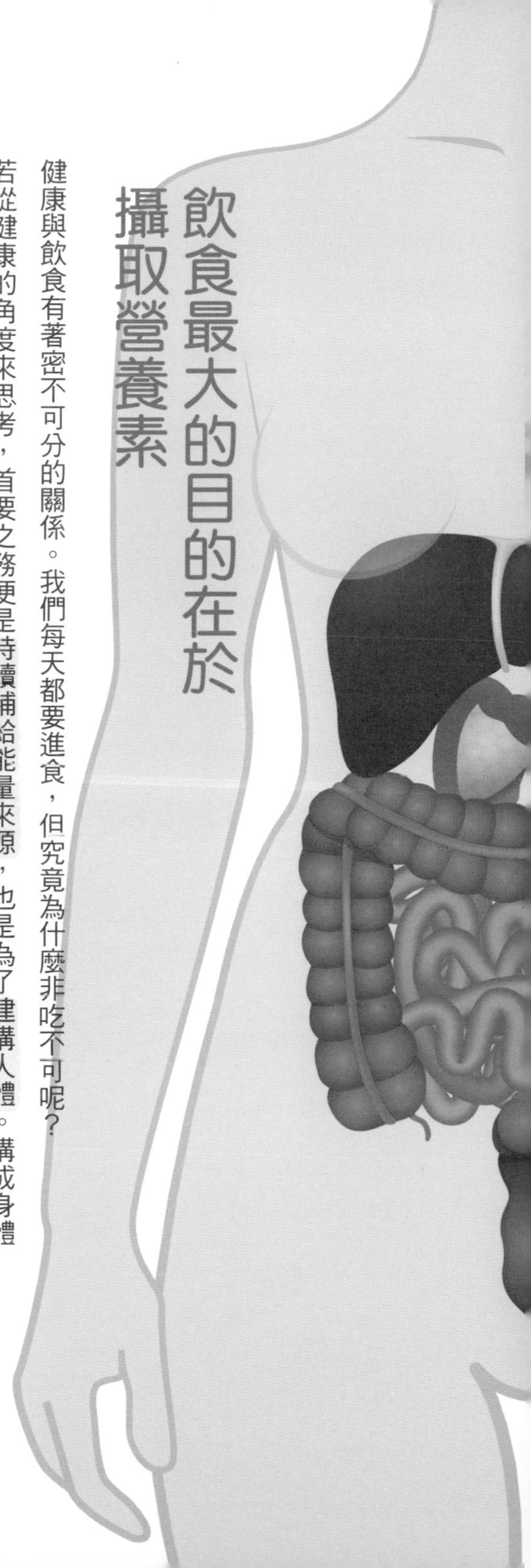

透過體內營養素的代謝來供應能量

一般來說，我們是透過一天三餐來供應人體所需的能量。消化道中有分積極從食物吸收營養素的吸收期，以及食物消化殆盡而不再進行吸收的空腹期，這兩個時期每天交互出現3次。如此這般，營養素在體內變化的過程即稱為中間代謝。

身體的細胞時時刻刻都在活動，所以會不斷消耗能量。在消化道的吸收期，能量充足，但是空腹期卻有能量不足的可能。為了因應這樣的狀況，吸收期會攝取足夠的營養素並儲存至下一個空腹期，以便供應空腹期所需的能量。

人體會吸收營養素作為能量來源，由細胞加以利用，因此可從能源進出的角度來掌握體內的活動，此即所謂的能量代謝。食物所含營養素的能量會於體內轉換為ATP。食物所具備的能量大多會化為熱能而流失，剩餘的則以ATP的形式保留下來。然而，分解ATP以提取能量時，約有一半會化為熱能而流失，從食物中攝取的能量，實際上只有5分之1左右可以化為能量來運用。

體內的能量轉換機制

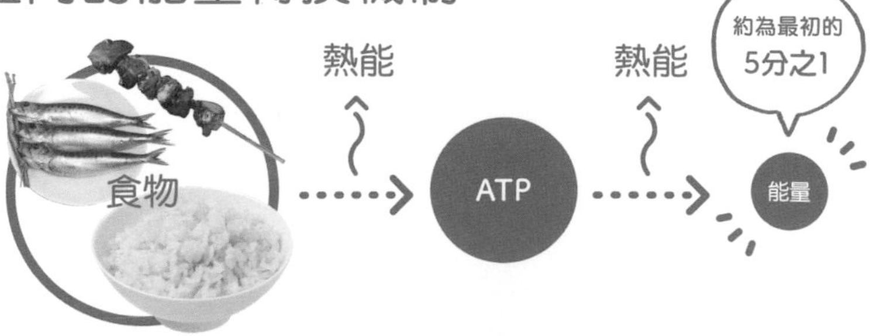

第2章

消化系統

「負責攝取並排泄」

消化系統

從口腔連至肛門的一條管道

口腔、食道、胃、腸等，統稱為消化道。食物在口腔會先經過充分咀嚼，與唾液充分混合後，從食道送進胃裡。在通過小腸與大腸的過程中做進一步的消化與吸收，殘餘物則化為糞便從肛門排出。只要這個流程能順暢進行，便不太會引起消化不良的狀況。

從這一連串的流程來看，口腔至肛門可說是一條消化並吸收食物的管道。消化器官主要是由這條長長的消化道與分泌消化液的消化腺所組成。消化系統會分工合作來運作，但是其中的作用為何呢？

我們所吃的食物即便進入消化道內，也無法直接為人體所吸收，必須在消化道內消化並分解後，才能攝入體內。這便意味著人體是從「屬於體外的消化道中」將營養吸收至「體內」。

那麼，為什麼我們無法直接將食物攝入體內呢？這是因為食品所含的營養素大多為高分子物質，人體無法直接吸收。必須先透過消化酵素將營養素分解並消化為人體可吸收的低分子物質，方能吸收至體內。經過消化的營養素會由小腸的絨毛所吸收並進入血管內，作為建構身體的

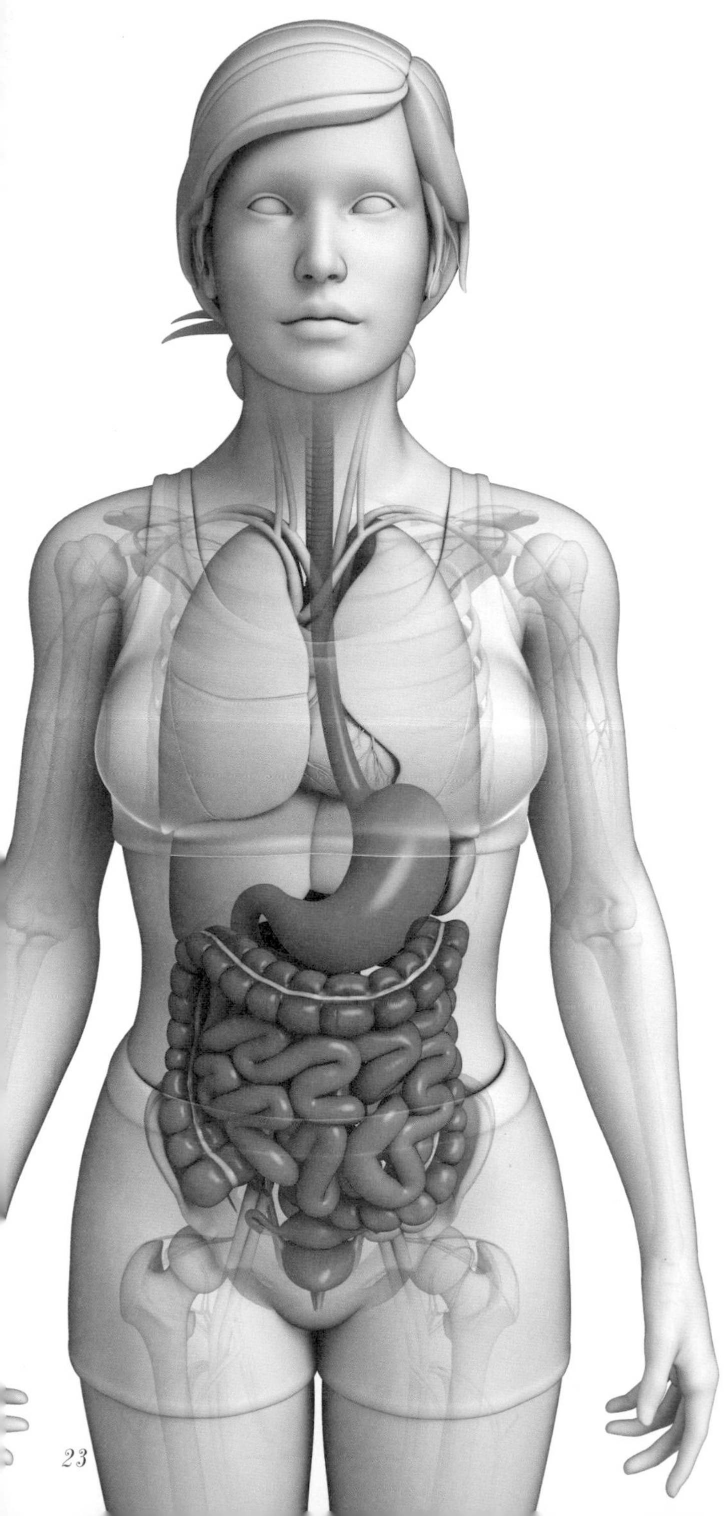

成分或能量來源來運用。在小腸吸收營養素後，殘餘物便會運至大腸，化為糞便。

口腔

唾液有滋潤口腔內部等各種作用

口腔是指嘴唇、臉頰、頷部與口腔底（舌頭下方）所圍起的部位。若將人體視為一個巨大的消化器官，口腔便相當於其入口。人類的口腔有唾液的滋潤，若未分泌唾液而導致口腔內部乾燥，會連說話都感到不便。

首先，只要在嘴裡咬碎食物，口腔便會釋出唾液。當人接收到視覺、嗅覺、味覺或是想像等刺激，腦內的延髓便會產生反應，收到自律神經（交感神經與副交感神經）的指令後，便會分泌唾液——由腮腺、頷下腺與舌下腺的3大唾液腺，以及分布於舌頭、臉頰的無數小唾液腺所分泌，濕潤食物以便於咀嚼與吞嚥。其成分為水、電解質、唾液澱粉酶與黏液素等有機物。其中的唾液澱粉酶是一種消化酵素，可將食物中的碳水化合物分解成麥芽糖。我們充分咀嚼米飯或麵包時會感受到一股甜味，便是這個緣故。

一天的唾液分泌量約為0．5～1．5ℓ，會受自律神經的影響而增減。身心放鬆時，副交感神經會變得活躍而分泌出大量唾液。反之則會隨著壓力狀態、身體狀況不佳或年齡增長等而減

嘴男

消化系統手足中的長男。大嘴巴為其特色，喜歡吃硬的食物。個性穩重，在人際關係中猶如潤滑油般的存在。

少。唾液原本具有濕潤口腔內部、殺死外部細菌並維持口腔衛生的作用。在唾液減少的情況下，口腔內的細菌會繁殖而產生散發強烈惡臭的含硫化合物，造成「口腔乾燥型口臭」。不僅如此，繁殖的細菌還會增加蛀牙的可能性。促進唾液的分泌有助於消化，就這層意義來說，用餐時細嚼慢嚥好好享受至關重要。

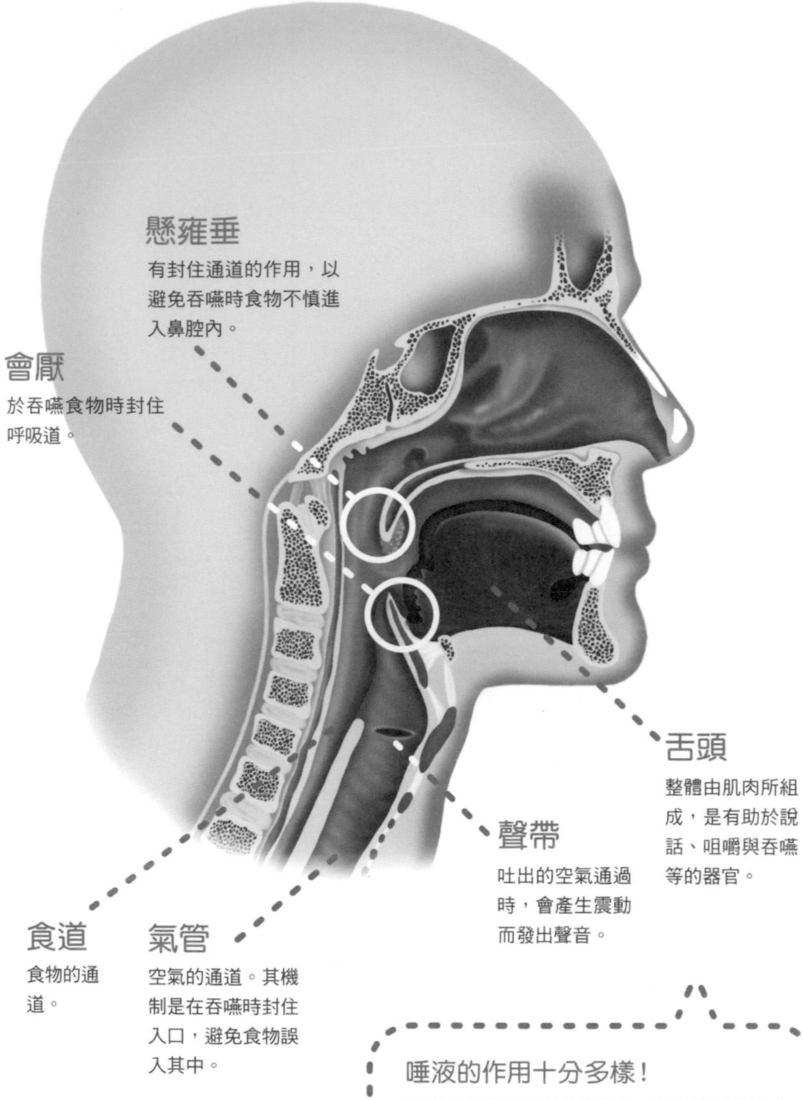
懸雍垂
有封住通道的作用，以避免吞嚥時食物不慎進入鼻腔內。
會厭
於吞嚥食物時封住呼吸道。
舌頭
整體由肌肉所組成，是有助於說話、咀嚼與吞嚥等的器官。
聲帶
吐出的空氣通過時，會產生震動而發出聲音。
食道
食物的通道。
氣管
空氣的通道。其機制是在吞嚥時封住入口，避免食物誤入其中。

唾液的作用十分多樣！

唾液有滋潤口腔內部的作用，還有助於說話或食物的吞嚥。此外，唾液中還含有消化酵素澱粉酶，會將碳水化合物中所含的澱粉分解成麥芽糖（maltose）或糊精。此外，唾液也有殺菌效果，可防止雜菌從口腔進入體內，還有降低蛀牙機率的作用。

口臭有若干種潛在原因

或許有不少人明明有確實刷牙並定期看牙醫，卻仍有令人在意的口臭煩惱。口腔內有細菌是口臭的原因之一。蛀牙或牙周病的細菌會代謝食物的殘渣等，形成異味的來源。不僅要刷牙，還必須大量分泌有殺菌作用的唾液。

還有一個原因在於吐出氣體的成分。腸內的細菌有時會讓食物殘渣腐壞而產生臭氣。其中一部分從腸道進入血液之中，循環全身後抵達肺臟，於呼吸時隨著二氧化碳一起排出。腸道狀態會直接反映在呼出的氣體上，所以留意腸道健康也很重要。

此外，有時也會因為疾病而引起令人在意的口臭或體臭。以糖尿病來說，患者無法在體內順利運用醣類，反而會分解大量脂肪。此時，血液中會增加一種名為酮體的物質，混入吐出的氣體中，致使口氣難聞。持續極端的減醣飲食有時也會引起這樣的狀態，所以必須特別留意酮體是否增加。

Check point

牙周病

這種疾病是支撐牙齒的骨頭因為某些原因而發炎，結果出現牙齦出血或腫脹、口臭、牙齒搖晃不穩等症狀。主要原因在於刷牙不夠徹底，牙菌斑繁殖而引起牙齦腫脹或發炎。更嚴重的情況下，有時連支撐牙齒的骨頭都遭溶解。此外，有抽菸習慣的人，牙齦的微血管循環會變差而導致新組織的生成減少，導致牙周病的風險提高。

食道

食道哥

消化系統手足中的次男。吞嚥快速，理解力佳，是具備常識的類型，作為諮詢對象再適合不過了。

透過蠕動運動把食物順暢地運至胃中

食道是連接口腔與胃的肌肉管道，為食物的通道。直徑約1．5～2㎝，長約20～30㎝。食道的管子平常呈扁平狀，只有在食物通過時才會擴大。管壁由環狀肌與縱走肌等多層構造的肌肉所覆蓋。

環狀肌與縱走肌的運動方式如波浪般，會先收縮一部分、隨後收縮下一部分，讓食物不斷往下搬運，此即所謂的食道蠕動。多虧了這種運動模式，人即便在橫躺或倒立狀態下吃點什麼，食物也能確實運送至胃裡。

在吞下食物的吞嚥反射動作中，位於食道入口處的會厭會封住氣管的入口，藉此防止食物進入氣管之中。若一個不小心在會厭還未封住氣管時就吞下食物，很可能會因此噎到。

此外，以構造來說，食道入口部、氣管分岔部、橫膈膜貫穿部這3處會窄縮而變細。因此，如果沒有好好咀嚼就吞下食物，有時會卡住。倘若感覺到異狀，比如已確實咀嚼卻還是卡住，或者食物總是卡在同一個地方，就必須格外留意。

食道是比較容易因為熱食、強烈的酒精飲料或香菸等刺激物而受到損傷的器官。據說熱愛這類食物的人，罹患咽喉癌或食道癌的機率較高。

Check point

逆流性食道炎

這是一種因為胃酸逆流引發食道黏膜發炎，從而出現火燒心等症狀的疾病。有很多種可能的原因，比如飲食過度、酒精、壓力、老化等。

＊ 據說飯後嚼口香糖可以促進唾液的分泌，有抑制胃酸逆流的效果。

胃

透過24小時不間斷的蠕動與分泌胃液來消化食物

胃是一種袋狀的消化器官。以成人來說，可容納約1．5ℓ的水或食物。主要功能是讓食物與胃液混合並攪拌，以便在十二指腸消化並吸收。食物是從胃的入口賁門部位進入，在胃裡停留約2～4小時，其後透過蠕動從出口的幽門部搬運至十二指腸。

胃必須24小時毫不間斷地反覆蠕動，所以有縱走肌、環走肌與斜走肌的三層構造覆蓋其上。這些肌肉會往縱向、橫向、斜向反覆收縮與鬆弛，藉此讓食物與胃液混合，呈黏糊狀。

胃液是胃的黏膜狀內壁上的無數分泌腺所分泌，一次用餐所分泌的胃液量多達約500mℓ。其中含有分解蛋白質的胃蛋白酶原與胃酸（鹽酸）等。胃蛋白酶原在胃酸的作用下，會轉變成一種名為胃蛋白酶的消化酵素，用以分解蛋白質。

胃酸中含有鹽酸，酸鹼值達pH2，是足以讓皮膚潰爛的強酸。然而，胃中有可承受鹽酸的黏液來保護胃壁，所以胃只會消化食物，本身不會遭酸蝕。此外，分泌腺不會時時分泌胃液，而是在食物進入胃後，受到荷爾蒙的刺激才會分泌。

胃三郎

消化系統手足中的三男。肌肉發達，屬於體育健將型。為了打造能承受大吃大喝的胃囊，每天都勤奮地進行肌肉訓練。

胃的運動或胃液的分泌皆與自律神經大有關係。胃中有消化食物的胃酸、胃蛋白酶等與黏液，原本維持著絕妙的平衡。若因壓力、緊張，或是藥物、香菸、酒精、幽門螺旋桿菌（參照第33頁）感染等原因而打破這樣的平衡，有時會導致胃潰瘍。這是因為黏液的屏障變弱後，該部分的上皮就會被胃酸等酸蝕而受損。

Column

當肚子發出聲音

肚子會咕嚕咕嚕叫是胃裡的空氣造成的。用餐時，無意識間吞下的空氣會滯留於胃中，一旦食物消化完畢，就會將空氣從幽門往十二指腸的方向擠出去。這時便會發出「咕嚕」的聲響。

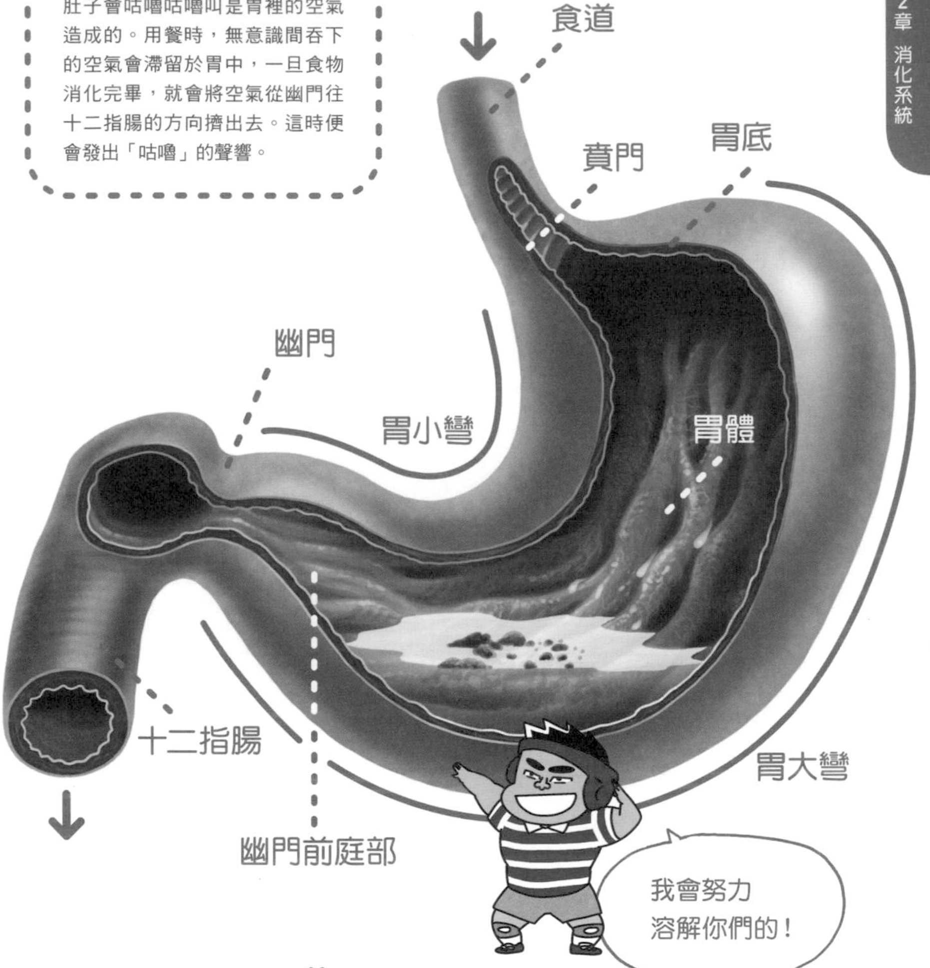
食道
賁門
胃底
幽門
胃小彎
胃體
十二指腸
胃大彎
幽門前庭部
我會努力
溶解你們的！

胃的蠕動

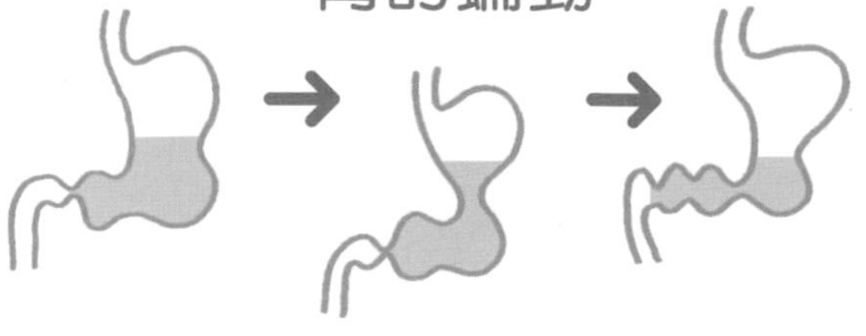

胃會活動來混合食物與胃液，讓食物變成黏糊狀後，再送至十二指腸。

胃裡一旦失衡，問題就跟著來

如前所述，胃內是透過用來溶解食物的胃酸、名為胃蛋白酶的蛋白質分解酵素以及黏液來維持絕妙的平衡。然而，這樣的平衡一旦被打破，便會發炎而導致胃炎，胃壁若遭淺蝕會潰爛，遭深鑿則會造成潰瘍。若陷入更嚴重的狀態，有時甚至會導致胃穿孔。

壓力、幽門螺旋桿菌感染、菸酒等因素皆會導致胃內失衡。尤其是在強酸的胃內仍可存活的幽門螺旋桿菌，據說是最主要的原因。

此外，下食道括約肌（賁門）通常會發揮作用以避免胃液或食物從胃逆流至食道。然而，若該括約肌的張力變差而胃液逆流，就會刺激食道內壁而引起火燒心。這樣的情況若反覆發生，很可能會造成食道發炎或形成潰瘍的逆流性食道炎（參照第29頁）。

此外，一旦發生嚴重嘔吐等，人體會釋放出胃酸，致使身體狀態更傾向於鹼性。這種時候必須取得體液的平衡，一般會建議補給加了電解質的水分。

Check point

幽門螺旋桿菌

又稱為幽門桿菌，是一種棲息於胃黏膜的細菌。一旦感染幽門桿菌，會損傷胃黏膜而引起發炎。若長期感染幽門桿菌，引發慢性胃炎、胃潰瘍、十二指腸潰瘍與胃癌等的可能性會增加。

小腸

最長的消化道，肩負大部分的消化與吸收

小腸緊接在胃之後，是一條由十二指腸、空腸與迴腸所構成的長長消化道。會進一步消化在胃裡消化過的食物，是第一個吸收營養的器官，負責9成以上的消化與吸收。小腸的消化道直徑為4㎝，在體內因肌肉收縮而呈3m左右，但若延展開來則長達6～7m。其內壁有無數皺襞，為絨毛所覆蓋。

小腸的起點部位為十二指腸，呈U字型，長約25㎝，大約是12根手指長，故以此命名。十二指腸會分泌消化道荷爾蒙，作用於膽囊與胰臟以促進膽汁與胰液的分泌。這些膽汁與胰液有助於食物的消化，使之呈更容易吸收的狀態。

食物送達小腸後，在消化酵素的作用下，養分會遭分解而變細，直到人體能夠消化吸收的大小為止。從胰臟分泌至小腸的消化酵素中，有3種最具代表性，即澱粉酶、蛋白酶與脂酶。營養素在空腸與迴腸中移動的過程中，醣類會由澱粉酶分解成葡萄糖，蛋白質由蛋白酶分解成胺基酸，而脂質則由脂酶分解為脂肪酸與單酸甘油酯，這些營養素皆由小腸的絨毛所吸收。一般認為小腸在免疫功能上也身負重任。淋巴球在免疫功能上至關重要。B細胞為其中一種，會與病原菌或各種毒素等的抗原結合，於體內

小太郎

消化系統手足中的四男。能快速吸收知識，是名優秀的高材生，唯一的缺點是冷笑話太冷。

產生抗體。據說淋巴球大多存在於小腸之中。

一般認為十二指腸容易受到壓力的影響。十二指腸潰瘍主要是因為幽門桿菌或藥物而發病，壓力則是使其惡化的因素。

就是這裡
小腸的長度大約6m，超～長的。
消化・吸收的9成由其負責，超長～吸收。
哇哈哈哈
連你這種冷笑話也能吸收嗎？
くどくど
這個嘛～澱粉酶、蛋白酶和脂酶都無法分解笑哏喔。
唉～真是太可惜了～
※喋喋不休
意思就是沒有冷笑話的分解酵素是吧。
不好意思！要消化不良啦！
哇哈哈哈哈

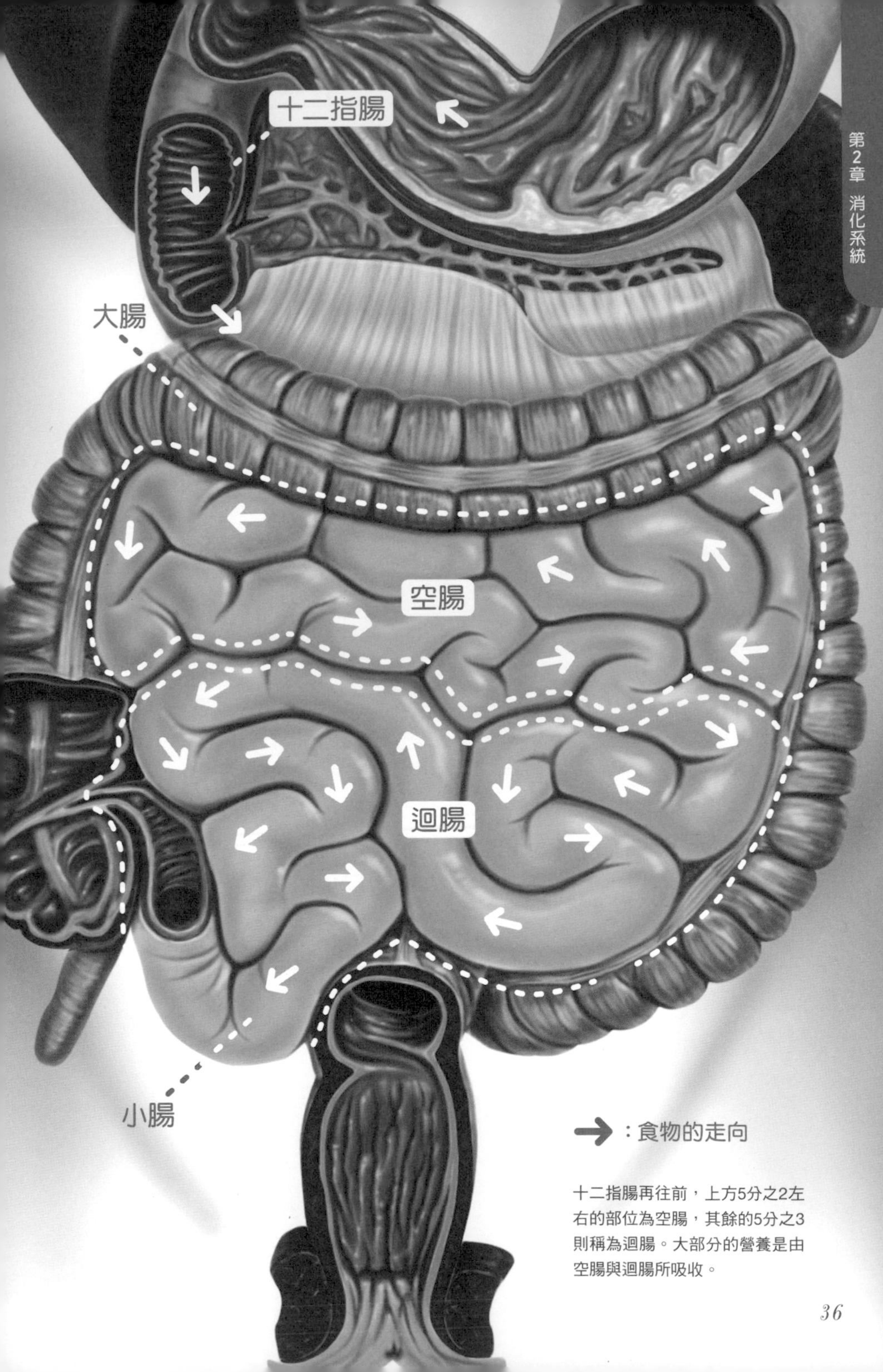

十二指腸再往前，上方5分之2左右的部位為空腸，其餘的5分之3則稱為迴腸。大部分的營養是由空腸與迴腸所吸收。

改變型態後才被消化吸收的三大營養素

小腸負責消化吸收食物的養分。人體所需的主要營養素有5大類，即碳水化合物、蛋白質、脂質、維生素類與礦物質。其中碳水化合物、蛋白質與脂質又稱為三大營養素，是人體不可或缺的能量來源以及構成成分。

話說回來，從食物中攝取的營養素並不會直接為人體所吸收。在消化的過程中，營養素會被分解成好幾種要素，再合體形成全新的成分。有些成分對人體有立即的作用，有些則是先儲存起來，待必要之時隨時加以活用。

以膠原蛋白為例，據說有益於美容；不過，若只是食用含膠原蛋白的食品，並無法在人體中有效地發揮作用。膠原蛋白是一種蛋白質，所以必須先分解成肽，進一步分解成更細的分子狀態後，再轉化為胺基酸，方能為人體所吸收。

經過分解、
再合體後
才能吸收喔。

小腸上覆滿無數絨毛，負責吸收約8成的水分

食物中所含的營養大部分為小腸所吸收。首先是體內會分泌出各種酵素、膽汁與胰液，來到十二指腸一口氣加快消化速度。隨後由接在十二指腸之後的空腸開始吸收。此外，飲品與食物中所含的水分也是由小腸所吸收。一天從口腔攝入的水分約為1．5ℓ，另會分泌唾液、胃液與腸液等，所以消化道內的水分達約10ℓ之多。其中約8成會被小腸吸收。

小腸內部的表面覆滿無數微小突起的絨毛。據說若將這些絨毛一個個攤平開來，小腸的表面積會達30㎡乃至200㎡不等。多虧如此廣泛的面積與細微的構造，才能充分地消化吸收。接著便送進大腸，此處是負責進一步吸收水分，並把榨乾營養與水分後所剩的殘渣轉成糞便。

絨毛

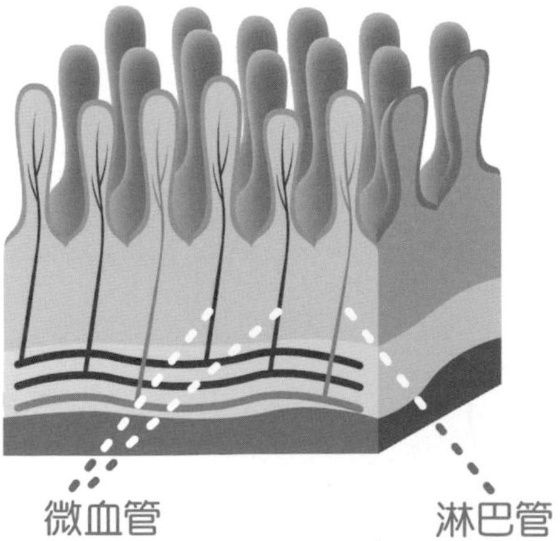

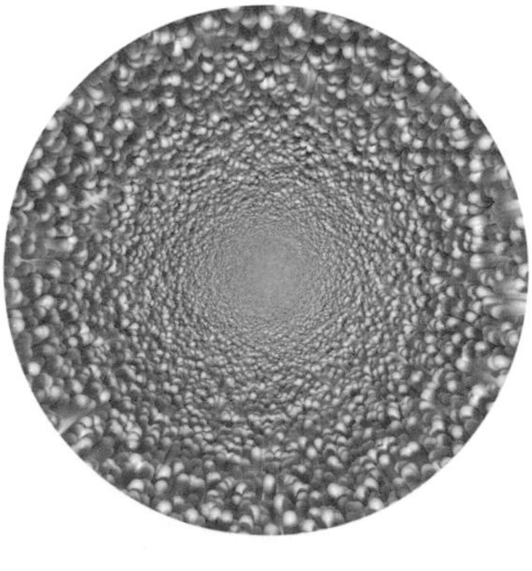
小腸內部示意圖

感染或壓力等各種引起腹瀉的原因

肚子突然絞動起來而急奔廁所，這是許多人都經歷過的腹瀉症狀，多為感染所引起。這是沾附在食物或手上的細菌或病毒進入腸道，腸內細胞感應到後，試圖盡快將之驅出體外所引起的反應。有時還會伴隨著腹痛、嘔吐或發燒，在這種情況下，關鍵在於盡速徹底排出，不要試圖止瀉。除了感染以外，有些時候是吃太多、喝太多或腸內環境產生變化所致。

此外，若持續腹瀉超過1個月，也有可能是罹患某些疾病。比方說，大腸癌不僅會便祕，也會引發腹瀉。其他像是潰瘍性大腸炎等腸道疾病、甲狀腺機能亢進症、胃或肝臟的疾病等，皆會引起腹瀉。最好到醫院就診以查清原因。

倘若找不到明確的病因，很有可能是大腸激躁症。一般認為好發於20～40歲，與自律神經的平衡或精神上的壓力有關，關懷心靈層面也有其必要。不光是腹瀉，有時還會慢性便祕，甚至反覆腹瀉與便祕。面對這種情況無須憂慮，因為即使持續腹瀉仍會攝取基本的養分，但是必須重新審視自己的生活。

Check point

大腸激躁症：不妨重新審視生活

若患有大腸激躁症，重新審視日常生活也很關鍵。有時是吃太多、飲酒過量、挑食、睡眠不足或抽菸等原因所致。不妨調整用餐時間或睡眠時間這類生活的節奏，並且留意飲食與睡眠的品質。

大腸

透過好菌與壞菌的平衡來整頓腸內環境

大腸君

消化系統手足中的五男。個性憨直的大學生。兼差管理著腸內的細菌。

大腸的主要作用是吸收水分與形成糞便。成人的大腸長度約為1．5m，可分為盲腸、結腸與直腸3個部位。

盲腸是與小腸直接相連的部位，並無特殊作用。盲腸再往前即為結腸。根據其方向又可區分為升結腸、橫結腸、降結腸與乙狀結腸4個部位。消化物是透過蠕動於各部位逐步推進。於結腸處開始分解並吸收小腸未消化的纖維質等，吸收一定程度的水分後，消化物會形成糞便。結腸的特色在於呈窄縮與鼓起相間的蛇腹狀。這是為了讓消化物在鼓起處停留，便於在蠕動運動進行中吸收其水分。此外，直腸是大腸的最後部位，是連接乙狀結腸與肛門的器官，長約20cm，不具消化吸收的功能，從結腸運來的糞便會暫時滯留於此。

大腸中約有1000種、超過100兆個腸內細菌。這些細菌有分解送進大腸的食物殘渣並使之發酵的作用。腸內細菌含括所謂的好菌、壞菌，還有一種稱為日和見菌；對腸道而言，好菌比壞菌稍占優勢是比較平衡的狀態（參照第43頁）。

好菌含括了雙歧桿菌等乳酸菌。既可促進腸道運動、改善排便，還會在腸內產生乳酸與乙酸，有抑制壞菌的繁殖、提高免疫力等作用。另一方面，壞菌則有大腸菌、腸球菌與魏氏梭菌等。當這類壞菌繁殖過度，食物殘渣會在腸內腐壞，導致放屁或糞便散發出惡臭，甚至成為癌症等的病因。

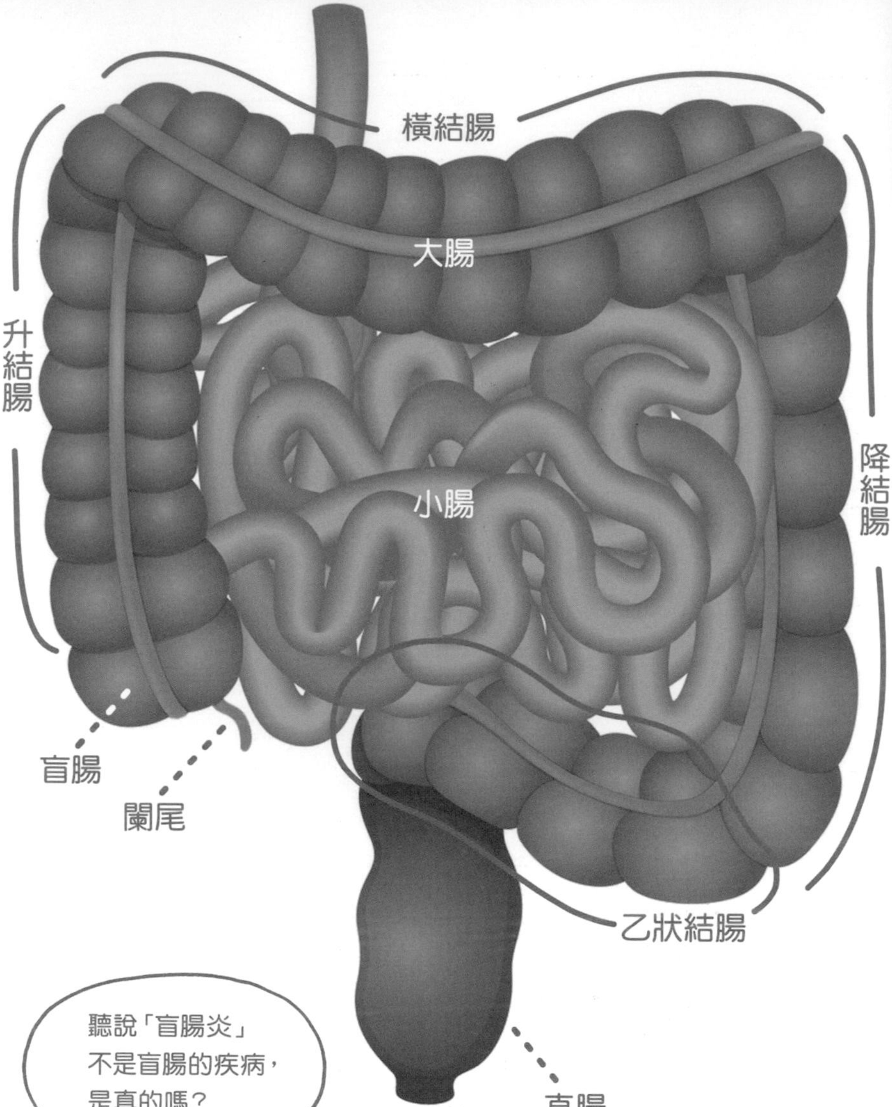
橫結腸
大腸
升結腸
小腸
降結腸
盲腸
闌尾
乙狀結腸
直腸

聽說「盲腸炎」
不是盲腸的疾病，
是真的嗎？

「盲腸炎」是發生在闌尾的疾病喔！

說到「盲腸炎」，是以會引起急遽腹痛的疾病而聞名，其實這種稱呼是俗稱，正式名稱為「闌尾炎」。盲腸是大腸的一部分，位於與小腸的接合處。「闌尾炎」是附著在盲腸上的小型袋狀器官發炎所引起的疾病。據說是因為昔日較晚發現闌尾炎，導致發炎擴及至盲腸，故以此稱之。

放屁的原因在於廢氣與空氣

送進大腸的食物經腸內細菌分解並發酵時，會產生各種廢氣。此外，吞下的空氣也會逐漸推進至腸內。這時產生的廢氣與空氣會被腸道吸收，但若產生的量太大，會無法完全吸收而形成屁。換言之，屁的真面目就是廢氣與空氣。據說食用薯類或豆類時較容易發生。另一方面，屁會隨著腸道的蠕動運動排出，所以也成了腸道是否正常運作的判斷基準。做了腸胃手術之後，常被告知「只要放了屁就沒問題」，便是這個緣故。廢氣與空氣中，如果廢氣較多，則氣味較濃烈，若空氣愈多，則氣味愈淡。在有點消化不良時，分解蛋白質所產生的廢氣會讓氣味更濃烈。

廢氣滯留於腸內無益於人體。如果持續忍耐，會造成腹痛，或是被吸收後影響到呼出的氣體。減輕壓力、為改善腸道活動而運動，或是用餐時用心細嚼慢嚥，亦可減少吞入的空氣。此外，還可透過與便祕或腹瀉相同的措施來減少腸道廢氣。最好留意不要忍便、養成飯後排便的習慣、維持均衡飲食等。

Check point

腸內細菌多為未知的日和見菌

據說腸內細菌中有10%是所謂的壞菌，20%為好菌，剩餘的70%則是日和見菌，大多為未知的細菌。一般認為，好菌與壞菌在腸內會有一方占優勢，而日和見菌會發揮近似於優勢方的作用。

肝臟

肝藏先生

「肝臟工廠」的廠長。是消化系統手足的鄰居，被視為可靠的叔叔而備受尊敬。喜歡喝酒，但是防宿醉的對策做得滴水不漏。

負責養分的合成、儲存與代謝等，是維持生命不可或缺的最大臟器

肝臟位於右肋骨下側，成年男性的重達約1200～1500g，女性則約為1000～1200g，是人體最大的臟器。肝臟具備驚人的再生能力，即便透過手術切除70％左右，仍可恢復至原本的大小。其機制尚未釐清，不過一般推測祕密或許在其特殊的細胞分裂方式。

肝臟會分解、合成並儲存養分，還會代謝並製造膽汁等，肩負著維持生命不可或缺的作用。其中又以養分的化學處理尤為重要。碳水化合物為能量之源，在腸內分解成果糖等單醣後，會在肝臟經化學處理轉為葡萄糖以供人體活用。此外，這時會把多餘的葡萄糖轉為肝醣的形式儲存起來。

肝臟還有將有毒物質或酒精化為無毒的作用。比方說，胺基酸在腸內遭分解後，會在肝臟合成為蛋白質，但這種時候會產生有害的氨。肝臟將其轉化為尿素，經腎臟過濾後送至膀胱，以尿的形式排出。

此外，人體一旦攝取了酒精，到了肝臟會被酵素分解成一種名為乙醛的物質。這是福馬林的一種，為有毒物質。肝臟最終會將其分解成二氧化碳與水，隨後排出體外。如果

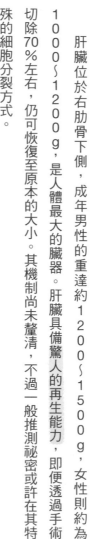

飲酒過度，這種分解作業會跟不上而產生不適症狀，亦即所謂的宿醉。酒量好壞是取決於體內有多少ＡＬＤＨ（乙醛脫氫酶，一種分解乙醛的酵素）。

此外，肝臟還會分解老化紅血球中的血紅素，並製造膽汁與全新紅血球的材料。

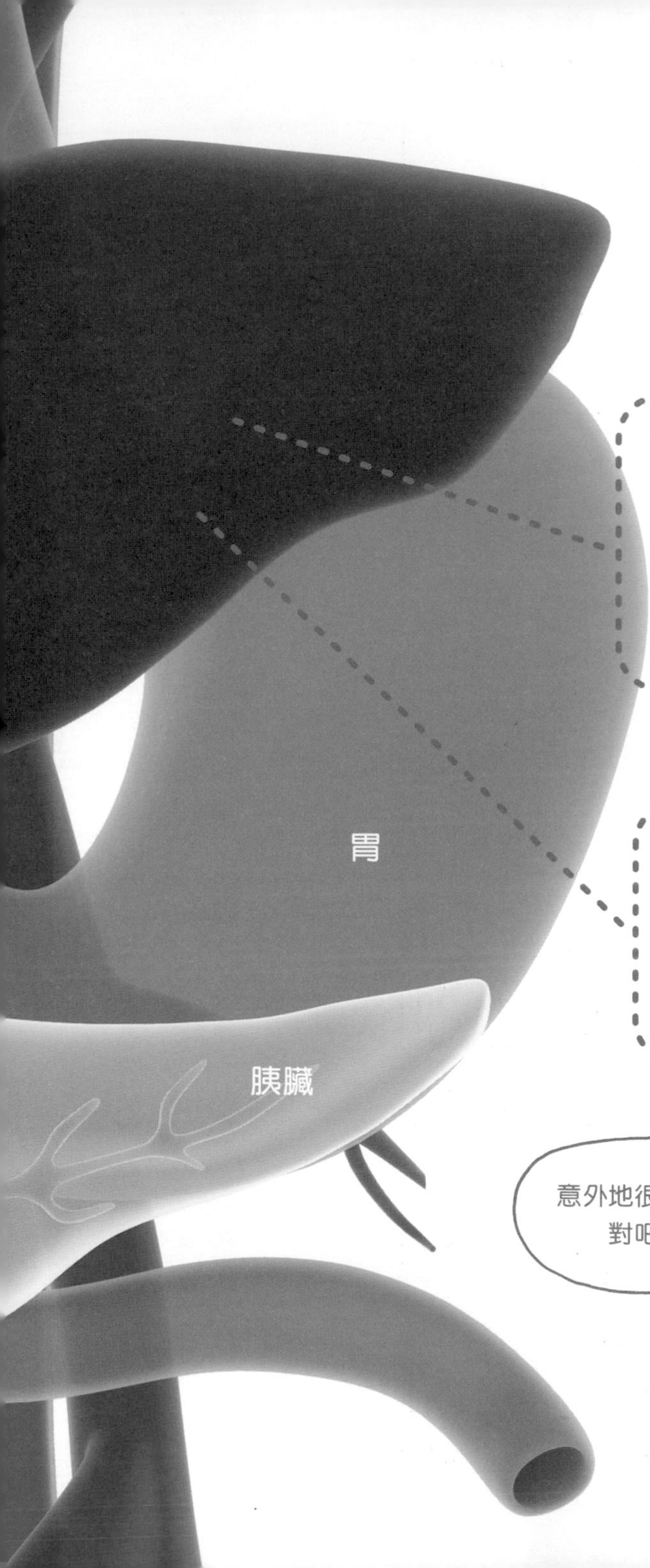
胃
胰臟

栓劑很有效的原因

栓劑經直腸下部吸收後，會直接運至全身而未經過肝臟。不會被肝臟代謝，所以只需少量藥劑即可，也不會對肝臟造成負擔，可說是效率絕佳的用藥方式。

切除後仍會復活!!

肝臟是具備高度再生能力的臟器。據說即便透過手術等切除3分之2，仍可於1年後就幾乎恢復至原來的大小。

意外地很厲害，
對吧?!

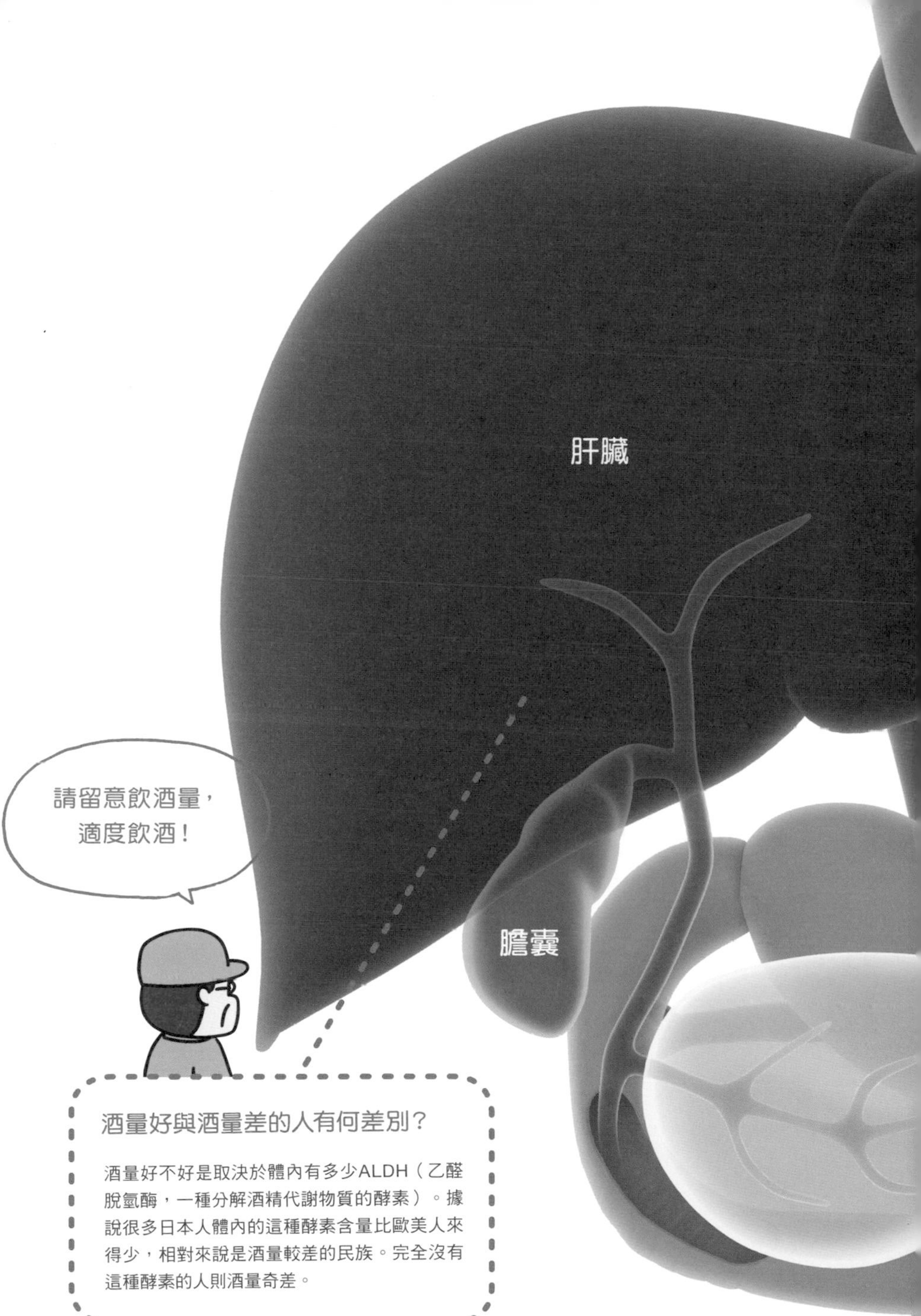
肝臟
膽囊
請留意飲酒量，
適度飲酒！

酒量好與酒量差的人有何差別？

酒量好不好是取決於體內有多少ALDH（乙醛脫氫酶，一種分解酒精代謝物質的酵素）。據說很多日本人體內的這種酵素含量比歐美人來得少，相對來說是酒量較差的民族。完全沒有這種酵素的人則酒量奇差。

胰臟

胰藏君

消化系統手足的遠親。因為不起眼而不太為人所知，但實際上負責舉足輕重的工作。

分泌消化三大營養素的胰液，以及調整血糖值的荷爾蒙

胰臟位於胃的背側、為十二指腸所環抱的位置，成人的長度為15㎝，外形如蝌蚪，肩負著兩大作用，分別是製造消化三大營養素的強勁胰液，並分泌調整血糖值時不可或缺的重要荷爾蒙。

胰液中含有各式各樣的酵素，可以消化蛋白質、碳水化合物與脂質這三大營養素，當營養素通過胰管送至十二指腸中，便會分泌胰液來進行消化。此外，胰液中含有碳酸氫鹽，作用在於讓因胃液而變酸性的消化物轉為中性。這是因為胰液的消化酵素在酸性下無法發揮作用，故而施加這樣的巧思。

不僅如此，胰臟內還有一種名為蘭氏小島的特殊細胞群體散布各處。蘭氏小島會分泌出胰島素與升糖素等荷爾蒙。胰島素是在血糖值升高時分泌的一種荷爾蒙，作用在於讓血液內的葡萄糖為全身細胞所吸收。升糖素則是在血糖值降得太低時，讓肝臟製造葡萄糖的一種荷爾蒙。多虧這兩種荷爾蒙發揮著相反的作用，才得以調整體內的血糖值。如果胰島素未能正常分泌，有時會導致糖尿病。

胰液是一種強勁的消化液，胰臟本身卻不會遭溶解。這是因為大部分的消化酵素在

喀喳
胰液會從這裡輸出，請多關照。
小太郎
那是什麼？
這是一種消化碳水化合物、蛋白質與脂質的液體，這個部位叫做「乏特氏乳頭」。
胰臟
膽囊
這裡
不好意思……
那是要通往十二指腸，可以請你裝在十二指腸與胃三郎的房間之間嗎？
十二指腸
這裡
胃三郎
哥哥他有點神經質，所以要多留意喔！
看似健壯
實則不然
麻煩你囉!!
遵命！

胰臟內並不活躍，是通過胰管送至十二指腸後才發揮作用。然而，酒精攝取過量或膽結石等可能成為一種誘因，讓胰液在胰臟內變得活躍，有時還會導致急性胰臟炎。

膽囊

消化吸收必備的膽汁儲藏庫

膽膽先生

具備工匠氣質的油漆工。重要的謀生工具「膽汁」是每天從肝藏先生的「肝臟工廠」採買最新鮮的。

膽囊是個袋狀臟器，位於連接肝臟與十二指腸的管道中間，此處是用來暫時儲存消化吸收脂質時不可欠缺的膽汁。成人的肝臟一天會製造約1ℓ的膽汁，並從肝管經過膽囊管運送至膽囊。隨後又從膽囊管出發，這次則是送至膽管以及十二指腸來發揮其作用。

膽汁的成分含括了水、膽汁酸、膽固醇、膽紅素與磷脂等。這當中只有膽汁酸與消化吸收有關，其他則多為不需要的物質而排出體外。然而，這些不需要的物質若未排出，則會形成膽結石。

在大多情況下，膽結石是沒有自覺症狀的，又稱為「無聲結石（silent stone）」。有時也會因為暴飲暴食或壓力等而在右上腹部引發劇烈疼痛。膽結石有分膽固醇結石、色素性結石，以及這兩者的混合型。膽固醇結石是最常見的膽結石，膽固醇攝取過量時，會無法完全溶解於膽汁中而沉澱、堆積，最終化為結石。另一種色素性結石則是膽汁中的膽紅素因為細菌或寄生蟲等而變成膽紅素鈣，就此化為結石。

若形成膽結石，在此之前都是透過剖腹手術摘除膽囊。然而，最近所採行的治療則不需進行剖腹手術，比如以藥物溶解結石的「膽結石溶解療法」、從體外以衝擊波擊碎膽結石的「體外震波碎石術」，以及插入腹腔鏡來觀察並利用電刀切除膽囊的「腹腔鏡膽囊切除手術」等。

肛門

排便的問題與疾病

肛門是與直腸相接的器官，負責排泄積聚於直腸的糞便，為消化道的終點。肛門平常是閉合的，但若直腸有糞便積聚，該刺激會傳至腦部，隨即發出打開肛門括約肌的指令，進而產生便意。肛門括約肌分為兩類，分別為無關乎意志、自行運作的肛門內括約肌，以及根據意志來運作的肛門外括約肌。多虧了肛門外括約肌，我們才能在進廁所前忍住便意。順帶一提，我們不會在睡眠中排便，是因為大腦對肛門外括約肌下達了緊閉命令。

腹瀉與便祕皆為排便問題。腹瀉的糞便呈液狀或接近液態，是因為水分在腸內並未被吸收，或是消化物在短時間內通過大腸所引起。有急性與慢性之分，若為急性腹瀉，多為暴飲暴食、攝取過多冷涼或不易消化的食品所引起。如果出現發熱或腹痛的症狀，有可能是病毒或細菌感染。此外，若是慢性腹瀉，則有罹患大腸激躁症或潰瘍性大腸炎等疾病的疑慮。

便祕的症狀有糞便量少、較硬、有殘留感等。若是慢性型便祕，大致有3類案例，也有些疾病是隱而不顯的（＊）。糖尿病與腎臟病會造成便祕，也有些案例是因年齡增長而腹肌與肛門括約肌退化，或是因帕金森氏症等神經疾病伴隨而來的疾病所引起。另有一些情況則是與低纖維飲食、環境變化、壓力、肥胖或大腸激躁症等疾

水戶妹妹

消化系統手足中的么女。天真爛漫又心直口快，卻讓人討厭不起來。興趣是吃遍自助餐廳。

病有關。偶爾有一些案例是因為大腸或直腸癌、腸道沾黏等重大疾病造成的。如果出現糞便帶血或伴隨劇烈腹痛的症狀，建議到醫院就診。

＊①糞便通過大腸時出現異狀。②肛門的排泄力退化。③因為癌症等疾病引發排便困難。

肛門內外肌肉發揮作用的排便機制

直腸平常是空的，當糞便從結腸送至直腸，直腸的管壁會受到刺激而引起排便反射。排便反射的指令是由位於脊髓最下方的薦髓所發出。薦髓將自動排便的指令傳遞至直腸與閉合肛門的肛門內括約肌後，肌肉會放鬆，糞便就此被推出來。負責傳遞這些訊息的便是副交感神經。

此外，大腦也有參與排便。聯絡訊息進入薦髓的同時，也會將「糞便已送至直腸」的訊息傳至大腦，進而產生便意。實際上，無法上廁所的時候，大腦會在一定程度上自動抑制排便反射，而位於肛門內括約肌外側的肛門外括約肌也會同時發揮作用，故得以忍住便意。肛門外括約肌是可以憑自己的意志開合的橫紋肌（骨骼肌）。順帶一提，肛門內括約肌則是會自動活動的平滑肌。

由上述可知，肌肉在排便之際相當活躍。大家不妨先記住，排便有2套機制，一種屬於自動控制，肛門內括約肌一放鬆，糞便就會被推出來，而另一種則是可以憑自己的意志開合肛門外括約肌。

痔瘡的種類

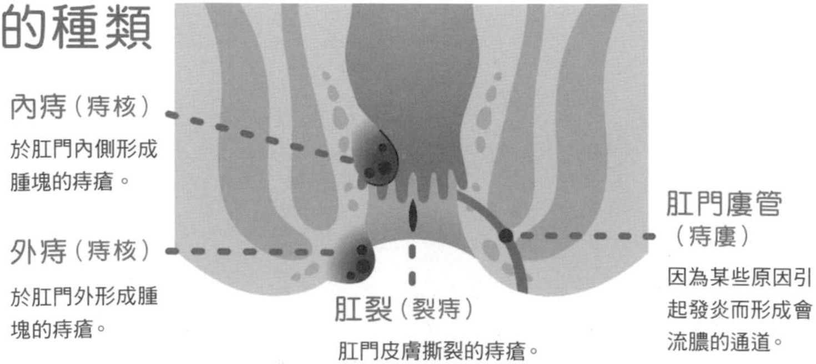
內痔（痔核）
於肛門內側形成腫塊的痔瘡。
外痔（痔核）
於肛門外形成腫塊的痔瘡。
肛裂（裂痔）
肛門皮膚撕裂的痔瘡。
肛門廔管
（痔廔）
因為某些原因引起發炎而形成會流膿的通道。

第3章 循環系統

「血液會不斷循環！」

血管為人體內的管線

人體內有血液咕嘟咕嘟地流淌著。應該也有不少人認為這便是活著的象徵。體內布滿了血管，以便血液遍行至每一個角落。

血液從心臟送出，通過動脈將氧氣與營養素運至全身。除此之外，血液還有個功能是將在組織內所產生的二氧化碳運出至肺臟，並由血液中紅血球所含的血紅素來進行這種氧氣與二氧化碳的交換。

此外，營養與老廢物質會溶解於血漿（血液的液體成分）之中來運送。不僅如此，白血球還會發揮作用將入侵至血液內的細菌或病毒等外敵予以驅離。還有血小板，會封住破裂的血管，將出血量降到最低。倘若血液不再流動，這些功能就無法發揮作用。

這麼重要的血液流動＝血流，是由心臟推動的。因此，倘若心臟不幸停止跳動，血液的流動也會跟著停滯。身體中的細胞會缺乏營養或氧氣，且老廢物質不斷大量堆積，最終導致死亡。

血液如上所述般循環全身的這套機制即稱為循環系統，而心臟在這個循環系統中發揮著作用，24小時不停歇地持續運作。

全身的血液循環

血液離開左心室後，將氧氣送達全身，收集了二氧化碳等，再回到右心房，此謂為體循環；
血液離開右心室後，於肺臟攝入氧氣並釋出二氧化碳，再回到左心房，則稱為肺循環。

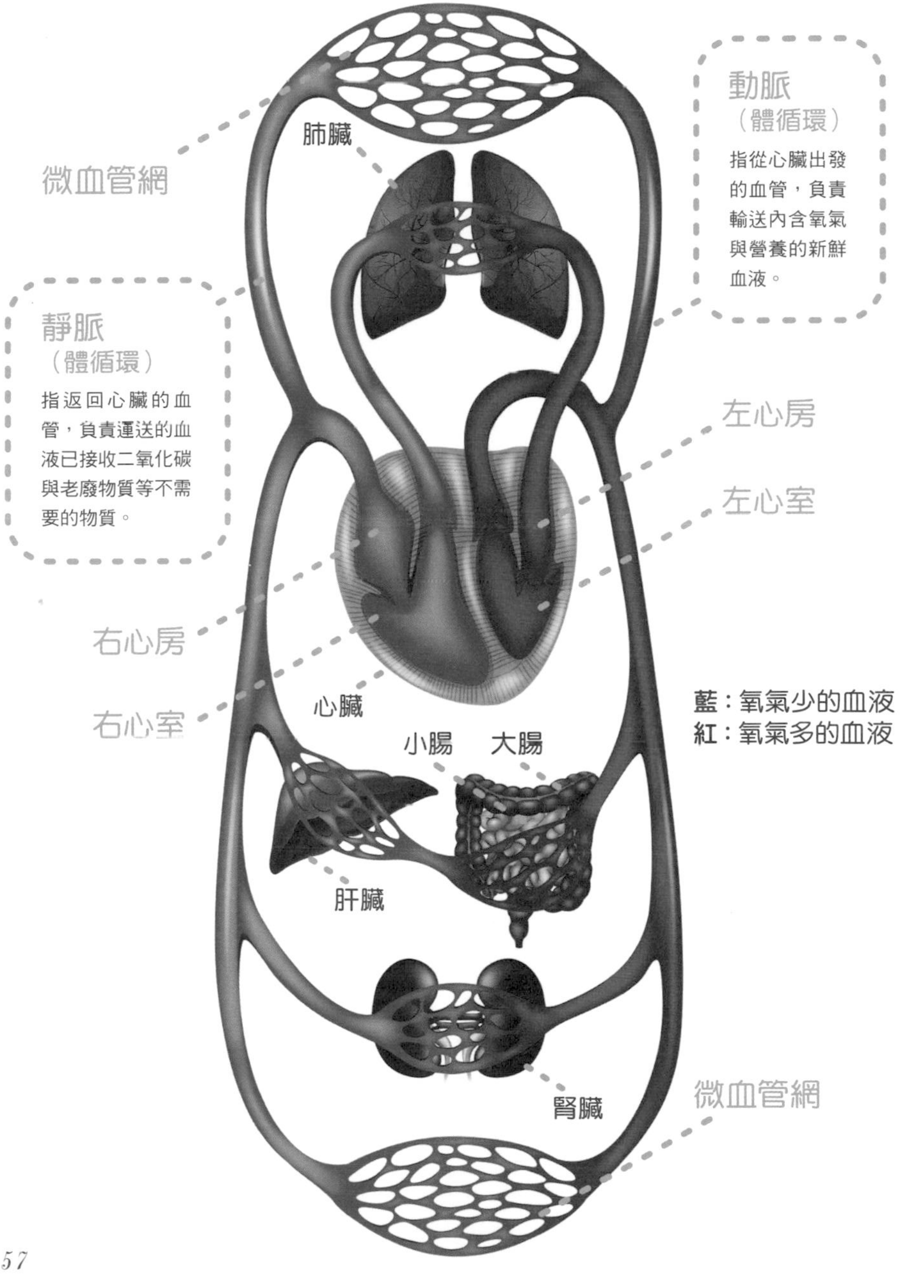

肺臟
微血管網
動脈
（體循環）
指從心臟出發的血管，負責輸送內含氧氣與營養的新鮮血液。
靜脈
（體循環）
指返回心臟的血管，負責運送的血液已接收二氧化碳與老廢物質等不需要的物質。
左心房
左心室
右心房
右心室
心臟
藍：氧氣少的血液
紅：氧氣多的血液
小腸
大腸
肝臟
腎臟
微血管網

血液

循環全身，運送氧氣與營養

紅血球小將

臉圓滾滾而受喜愛的療癒系吉祥物。雖說是吉祥物，卻盡做些不起眼又累人的工作，所以實際上每隔數月便會換角。

血液以心臟為起點，持續循環全身，其流動量相當於體重的13分之1左右。血液的成分是由有形成分「血球」與液體成分「血漿」所構成，血漿占了全血液的55～60%。

血球又分為運送氧氣與二氧化碳的紅血球、負責驅離入侵體內的病原菌等異物的白血球，以及具有讓血液凝固之作用的血小板等。占白血球約30%的淋巴球則會產生抗體，有生物防禦性的作用。血球是由骨髓中一種名為幹細胞的細胞分化而成。紅血球最初具有細胞核，但在細胞分裂的過程中脫落了。白血球是經反覆細胞分裂後，逐一分化成嗜中性球、嗜酸性球、嗜鹼性球、巨噬細胞與淋巴球（B細胞、T細胞）。至於血小板，則是由化為巨核細胞的部分細胞質所產生。這些血球各自成熟後，會進入竇狀微血管中，被運送至全身。

血漿有90%是水分，內含蛋白質、葡萄糖、鹽分、鈣、鉀、磷等電解質、荷爾蒙與維生素類等。主要功能是運送身體所需的水分與營養等各式各樣的物質、讓紅血球與白血球遍行全身，還有透過新陳代謝來清除老廢物質等。

血漿中所含的蛋白質多半為白蛋白。有維持血液滲透壓的作用，並調節血管內外的水量。一旦腎臟與肝臟的功能退化，血漿內的白蛋白就會不足而無法順暢運送水分，因而引發水腫（浮腫）。

我大約在3個月前來到惠子小姐身邊，相處的日子也所剩不多了～
啜泣
什麼～你要離開了嗎？我好傷心！
我日復一日搬運著氧氣，實在很費勁啊～
都是因為那血球小將的工時太短吧？好像只有幾小時～
哆嗦哆嗦
畢竟白血球必須跟細菌奮戰，雖說是在待命狀態，但工作環境可是很嚴苛的呢。
原來是這樣啊。
即便是這個當下，大家都在為我而戰耶。
血小板
心動

血管

將心臟送出的血液運至全身的管道

如網子般遍布人體的血管可分為3類，即動脈、靜脈與微血管。來自心臟的血液會從動脈出發，分支變細並連接至微血管，在該處將氧氣與營養轉移給細胞，隨即進入靜脈，返回心臟。

動脈與靜脈的血管管壁皆為3層構造，分別是內膜、中膜與外膜；微血管管壁僅由內膜所構成。內膜是覆蓋血管最內側的膜，極薄且滑，以利血液順暢流通。動脈會將來自心臟的血液輸送至組織，管壁厚且有彈性。讓血液循環的主要是心臟，不過動脈本身也會反覆擴張與收縮。另一方面，靜脈管壁的中膜平滑肌比動脈少且無彈性。靜脈是靠周遭肌肉來協助伸縮，易受重力影響的四肢靜脈裡則有用以防止血液逆流的瓣膜。此外，微血管的管壁更薄，血液便是穿過微血管，在組織之間進行營養與氣體的交換。

施加於血管的血液壓力即為血壓。最高血壓（收縮壓）是心臟收縮將血液送出時的血壓值。反之，心臟擴張時的數值則為最低血壓（舒張壓）。血壓升高是因為施加於血管管壁的壓力（負荷）變大。

一般認為血管是容易因年齡增長而受到影響的器官。動脈會隨著老化而變硬或伸縮性變差，血壓普

遍會升高。然而，最高血壓會上升，最低血壓卻會逐漸下降。一般認為是因為血管的內腔變窄，容易因血栓而堵塞，引發腦中風或心肌梗塞的可能性變高。

Column

經濟艙症候群

正式名稱為「靜脈血栓栓塞」。此疾病是因為長時間維持相同的姿勢，大多會在下肢的靜脈形成血栓，往上擴散而堵塞了肺臟血管所致。血中的氧氣濃度會急遽下降，導致呼吸困難，有時會出現昏厥或休克，偶爾還會致命，是相當可怕的疾病。可以透過勤動雙腳、攝取充足水分等來預防，避免足部的血液循環變差。

在人體中循環！血液與血管的祕密

何謂貧血？

站起身時若感到頭暈目眩，即所謂的「直立性低血壓（俗稱腦貧血）」，此狀態與貧血有所不同。貧血是一種疾病名稱，指血液中的紅血球或血紅素不足的狀態。血液中的氧氣減少而無法產生能量，所以會出現容易疲倦、心悸、喘不過氣等症狀。因為月經或生產而失血的女性特別容易貧血，據說每10人就有1人貧血。

為何內出血會自然而然地消失？

內出血是指皮膚下的血管破裂而血液流出的狀態。在血小板的作用下，血液會迅速凝固，形成血栓。隨著時間的推移，溶解血栓的酵素會發揮作用，內出血的瘀血也會隨之變淡。

畏寒是因為體溫低？

畏寒是指體表發冷的狀態，並非體溫低。為了維持身體中心部位的溫度，人體會收縮表面的血管以避免熱能散失。反之，當四肢等體表發熱時，便意味著人體正在試圖降低體溫。

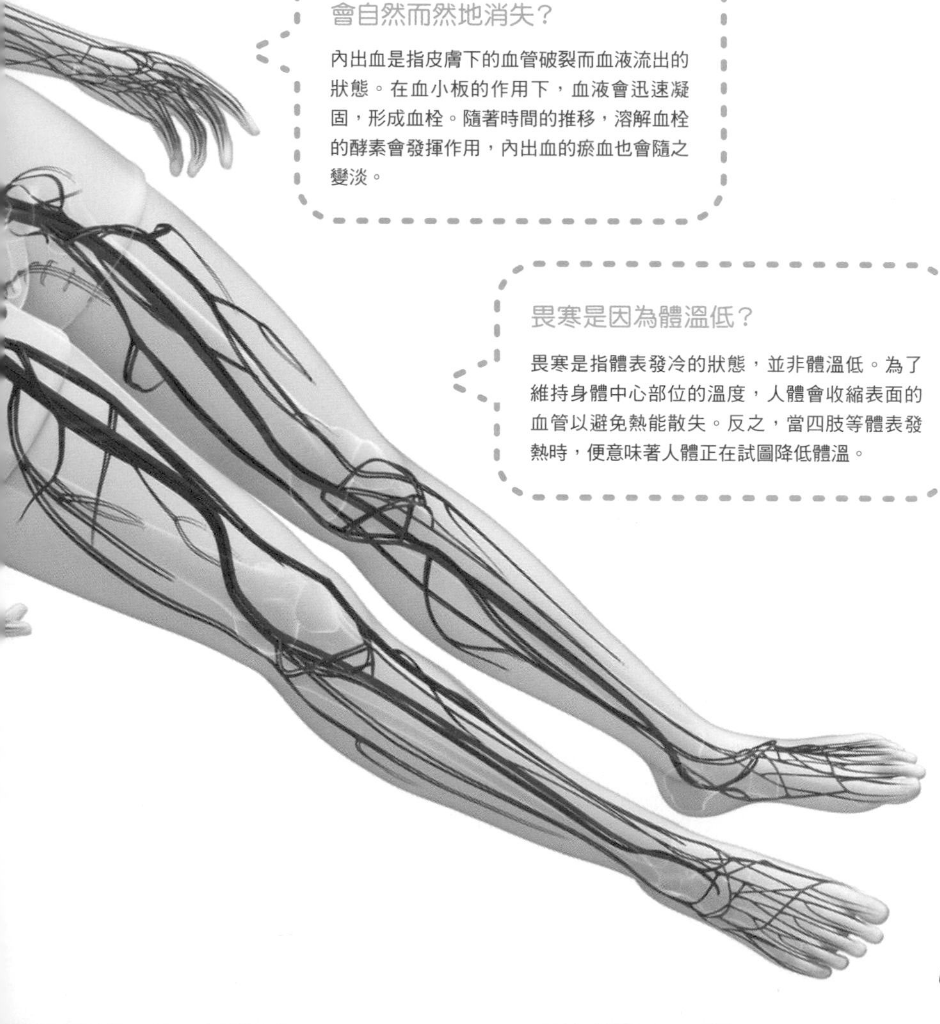

眼睛下方的黑眼圈是血管的顏色

眼睛下方之所以會變成藍黑色，是氧氣不足的暗沉血液透過皮膚所顯現出來的顏色。有些情況下，改善血液循環便可消除這種藍黑色的黑眼圈。

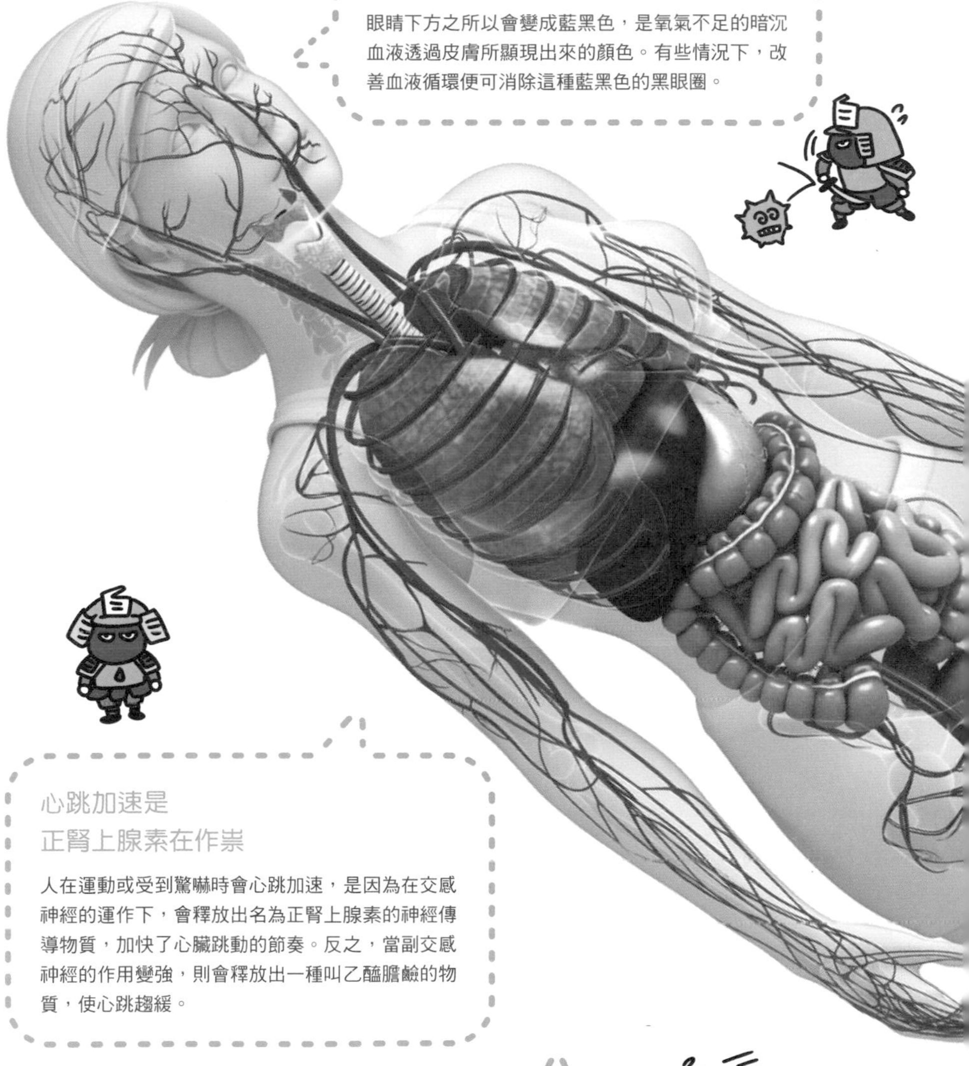

心跳加速是正腎上腺素在作祟

人在運動或受到驚嚇時會心跳加速，是因為在交感神經的運作下，會釋放出名為正腎上腺素的神經傳導物質，加快了心臟跳動的節奏。反之，當副交感神經的作用變強，則會釋放出一種叫乙醯膽鹼的物質，使心跳趨緩。

血液會在短短1分鐘內循環全身

據說血量大約為體重的13分之1，也就是說，體重60kg的人，血量約為4.6ℓ。心臟在1分鐘內所運送的血量約為5ℓ，如此算來，血液不到1分鐘就能循環全身。

心臟

發揮如幫浦般的作用，將血液送至全身

愛心小將

因愛心形狀而大受歡迎的療癒系吉祥物。有別於紅血球小將，適用於終身雇用制，所以可依自己的步調來運作。對帥哥完全沒有抵抗力。

我們常說，心臟位於人體的左側。這是因為心尖部位——心臟最下方呈尖狀的部位——位於左乳頭下方一帶，比較接近體表，是醫生為了聽心跳聲而擺放聽診器的位置。心臟實際上位於胸部中央略偏左，包覆在左右肺臟之中。稍大於握拳的拳頭，重約200～350g。以壁層區隔出4個空間，分別為右心房、右心室、左心房與左心室。心房與心室之間各有瓣膜。

心臟的作用便是將血液送往全身。血液循環全身後會回到右心房，送至右心室後，再通過肺動脈流進肺臟。血液在此處接收氧氣後便離開肺臟，通過肺靜脈移動至左心房。飽含氧氣的血液會從左心房移至左心室，再度流往全身。為此，心臟會像幫浦般反覆伸縮，好讓血液產生循環。這種伸縮動作即稱為心搏，是由自律神經支配的無意識活動。發出伸縮命令的並非大腦，而是心臟，即位於右心房的竇房結。這便是為什麼即便大腦的功能已停止運作，仍可維持如腦死般的生命狀態。

至於心跳次數（心率），成人的靜態心率約為60～80／分鐘，運動時則提高至120～180／分鐘左右。當人體開始運動，心率便會上升，心肌的氧氣消耗總量也會增加，但每1次心跳的消耗量反而減少，因而開始呼吸困難。據說運動選手是透過訓練來增加1次心

搏所送出的血液量（每搏輸出量），故而運動時心率較不易增加，就不太會呼吸困難。

淋巴

透過淋巴系統的網絡來守護身體免於病原體的侵害

淋巴管和血管一樣遍布全身，其網絡即為淋巴系統。

淋巴系統是免疫系統的核心，作用在於對抗來自體外的入侵者以守護身體，又稱為人體異物清除系統，會攻擊並排除非自身細胞的異物（細菌、病毒等，即所謂的抗原）。血液中的水分（血漿成分）滲入細胞間所形成的液體即稱為組織液。淋巴管則讓組織液再度回到血管內。組織液會搬運細菌、癌細胞、病毒、老化的細胞與血液成分的殘骸等進入淋巴管，化作淋巴液。淋巴液會從身體末端往中心處的心臟流動，最後與靜脈匯流。

分布於淋巴管各處的淋巴結猶如關所般，可防止感染擴散；亦為過濾器，用來過濾淋巴液，不讓已入侵的病原體進入血液循環之中。淋巴結中有巨噬細胞，會趕赴病原體的所在處，攝入成為抗原的細菌並加以消化（吞食作用）。除此之外，以淋巴球為首的眾多白血球同類也都匯集於此，比如樹突細胞、破壞感染了病毒的細胞或癌細胞的ＮＫ（自然殺手）細胞、Ｂ細胞與Ｔ細胞等。

相對於吞食作用，淋巴結是負責識別對手並發動攻擊的作戰任務。其作戰（特異的防禦機制）有兩種類

淋巴小姐

備受OL青睞的美女治療師，也是位對抗細菌與病毒的女戰士。

型。一種是由B細胞所產生的抗體來執行的體液性免疫。在體液性免疫中，接收到來自輔助T細胞的指令後，B細胞會分化為漿細胞，並產生蛋白質，即所謂的抗體，用來攻擊特定的異物（抗原）。

另一種則是細胞性免疫。T細胞之一的細胞毒性T細胞（殺手T細胞）與NK細胞在細胞性免疫中發揮著核心作用。病毒會進入人體細胞中並繁殖。然而，面對已進入細胞中的病毒，抗體無法發揮效果，所以乾脆連帶病毒與已感染的自身細胞一起破壞。輔助T細胞會釋放出干擾素等細胞激素，這些物質會活化細胞毒性T細胞，使其分泌出穿孔素等，藉此攻擊並排除遭感染的細胞。

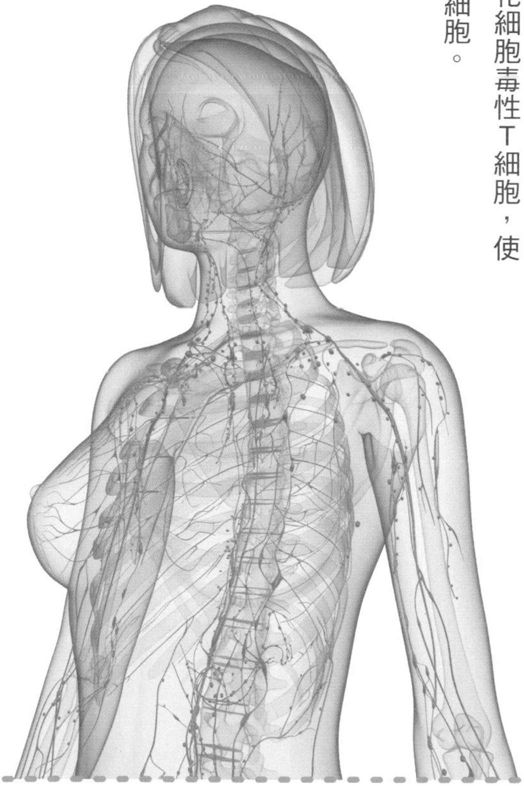

Check point

自體與非自體

身體有自體辨識性，會將與自己相同的事物視為「自體」，與自己相異的事物則歸類為「非自體」。當「非自體」入侵身體時，免疫系統便會發揮作用，試圖將其排除。

淋巴的流動有深層與淺層2條路線

淋巴的流動可分為深層路線（深部淋巴）與淺層路線（表層淋巴）。深層路線運行於肌肉之間、肌肉之下或是胸腔與腹腔之中，基本上是沿著血管而行。淺層路線則流淌於皮膚正下方（肌肉之上）。淺層路線的淋巴大多是從皮膚匯集而來，不過有一部分是從深部淋巴管匯入。

話說回來，身體腫脹是一種積存了比平常更多水分的狀態。比方說，若一整天都站著工作而沒有活動肌肉，淋巴的流動就會變差，雙腳到了傍晚就很容易水腫。水腫大多可從觸摸皮膚來判斷，所以往往以為是水分積存於皮膚之下，但其實身體深部也會發生。

若因癌症治療或發炎而導致淋巴的流動停滯，有時手臂與腿部都會腫脹。這種腫脹狀況則稱為淋巴浮腫。如果發生淋巴浮腫，首要之務便是找專科醫院就診以防止惡化。

適合淋巴浮腫患者的淋巴按摩（淋巴引流）是由專業施術者進行的醫療按摩。和一般的淋巴按摩或以美容為目的的按摩是不一樣的。

Column

該如何改善淋巴的流動？

說到淋巴按摩，都會有一種必須沿著淋巴流動的方向來進行按摩的印象，但實際上按摩的方向與淋巴流動的方向無關。淋巴管上有瓣膜，即便往反方向搓揉，淋巴還是只會往正確的方向流動。

淋巴管遍行全身，含括位於身體中心部位的粗淋巴管，以及位於細胞周圍的淋巴微血管。因此，光是搓揉皮膚表面也能某種程度改善淋巴的流動。另一方面，若想觸及粗淋巴管，透過運動來活動腹肌或呼吸肌肉會比按摩有效。

淋巴按摩真舒服～
是吧！★
因為淋巴沒辦法
像血液般流那麼
快呢。
畢竟不像血液
有顆心臟當幫浦，
所以如果
不活動身體
讓淋巴流動起來，
就會水腫喔。
是這樣嗎??
我不要水腫～!!
妳再幫我加強一下!!
集氣……
遵命!!
那我要開始囉!!
使勁!!
這力道太強了啦！
用力壓擠
喔呵呵呵呵呵呵
攻擊病原體時
可就不只這種程度囉！

淋巴結腫大是淋巴球正在對抗病原體的證據

淋巴結可說是防止細菌或病毒等病原體入侵體內的前線基地。細菌或病毒從傷口等處入侵後，若一路戰勝白血球之一的淋巴球與嗜中性球，便會在對抗中進一步往淋巴管內的深處步步入侵。若手臂或雙腳等處的淋巴管顯現出紅色條紋，或是淋巴結腫脹疼痛，都是因為抵達此處的細菌或病毒正在與淋巴球拚死奮戰。

如果淋巴球與嗜中性球消滅了入侵體內的病原體，淋巴球之後仍會繼續牢記因這次病原體所產生的抗原，而這份抗原的記憶也會傳遞給後來新生的淋巴球。因此，當同樣的病原體再次入侵時，身體便可迅速察覺，並在其增生之前加以消滅。得過一次麻疹就不會再次發病就是這個緣故。此外，接種疫苗便是一種預防方式，在不致病的程度下，將微量病原體注入體內，或是僅注入無毒的病原體成分等，藉此預先產生抗體。

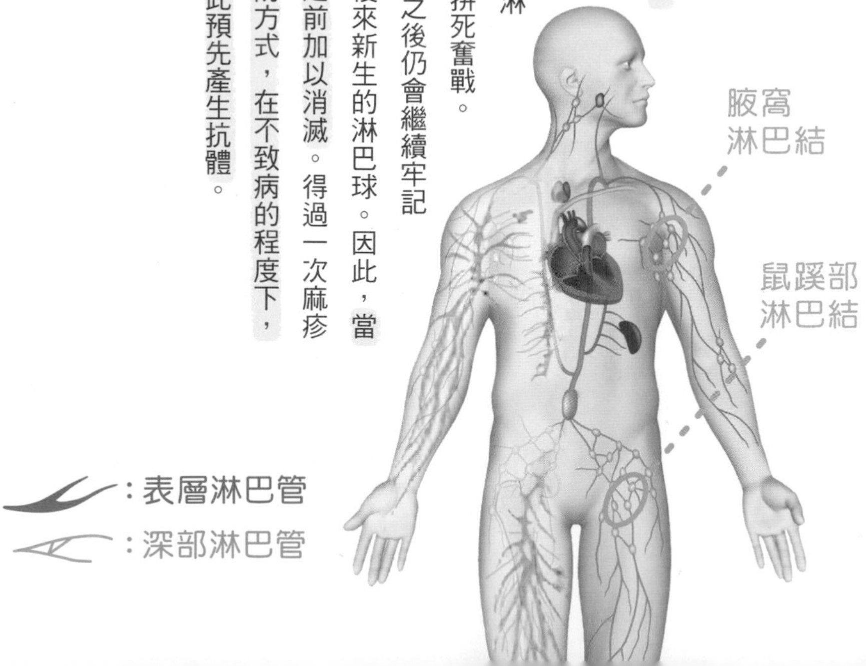
腋窩
淋巴結
鼠蹊部
淋巴結
：表層淋巴管
：深部淋巴管

第4章

泌尿系統

「排出尿液！」

從腎臟到尿道的排尿過程

憋尿時，下腹部有時會有點痛，這是因為下腹部有個儲存尿液的膀胱。產生尿液的是腎臟而非膀胱。產出的尿液會聚集於腎盂，再通過輸尿管運至膀胱。先在膀胱暫存片刻，隨後進入尿道，再從釋出尿液的孔「尿道外口」進行排尿。

排尿的機制是，當膀胱積存了約1杯份的尿液時，副交感神經會自動聯繫薦髓。此訊息也會傳遞至大腦，從而意識到排尿的需求。這時若處於無法排尿的狀況，大腦會自動對交感神經發出指令，讓膀胱放鬆而尿道內括約肌收縮，形成緊閉的狀態。這時會依自己的意志收縮尿道外括約肌。

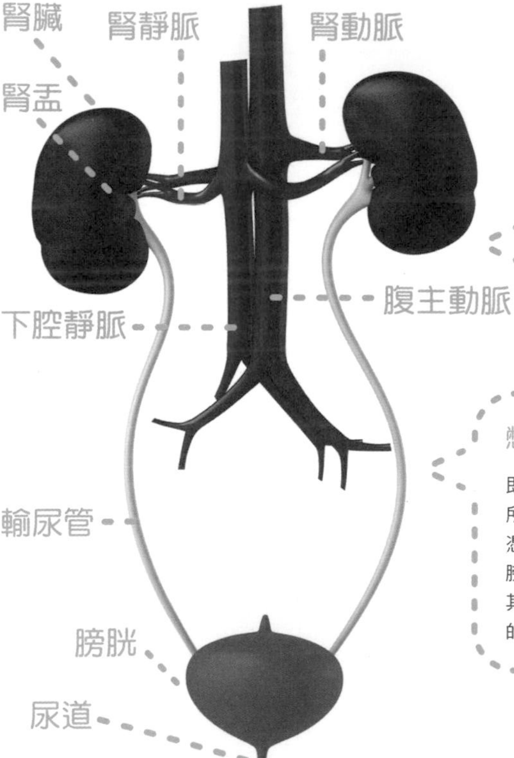

不喝水也會排尿！

尿尿除了排出水分外，還有排出老廢物質的作用。如果不排出尿液，老廢物質就會囤積於體內，所以即便沒有飲水，仍會排尿，只是尿量會減少。

憋尿的極限為何？

即便感受到尿意，仍可一直憋到上廁所為止。這是因為尿道括約肌是可以憑自己的意志來控制的。然而，根據膀胱的容量，尿道括約肌的力量仍有其限度。據說可依自己的意志來憋尿的極限是600～800㎖。

等到可以排尿的時候，副交感神經會自動發揮作用，收縮膀胱以釋放尿液，並讓尿道內括約肌放鬆而敞開。與此同時，會依自己的意志放鬆尿道外括約肌，從尿道外口排出尿液。

排尿的機制和排便一樣，有分自動調節功能與憑自己意志執行的功能。

腎臟

過濾血液並產生尿液等維持體內環境的要角

豆子妹妹

留妹妹頭的女孩。其實有個雙胞胎妹妹。喜歡八卦，與惠子莫名投合。

腎臟位於肋骨後方，比其他臟器更靠近背側，隔著脊柱左右各一成對。大約比握起的拳頭稍大一些，呈蠶豆狀。為了維持體內環境，腎臟具備好幾種重要的功能，比如過濾血液中多餘的水分、老廢物質與鹽分等，並將不需要的物質化為尿液排出；分泌造血荷爾蒙來促進骨髓製造出紅血球；分泌調整血壓的荷爾蒙；產生活性維生素D等，功能十分多樣。

腎臟的入口稱為腎門，心臟所送出的血液約有4分之1的量會從與其中心部位相連的腎動脈流進腎臟。而由腎小體與接續於此的腎小管所組成的部位稱為腎元，會過濾血液並攝取有用成分，再將不需要的成分以尿液的形式排出。淨化後的血液會通過腎靜脈流往下腔靜脈，隨後再度返回心臟。另一方面，不需要的尿液則是聚集於腎盂，再送往輸尿管。

原尿即尿液之源，一天所製造的量高達１５０ℓ。原尿中含有葡萄糖、胺基酸、鹽分等成分。這些到了腎小管後，會再次從中吸收人體所需的成分，最終化為尿液。尿液排至體外時約為１．５ℓ，其成分約95%為水分，其餘的5%則為尿素等老廢物質。

若因嚴重的腎炎或腎衰竭等導致腎元不再發揮作用，便無法過濾血液，致使老廢物質堆積於血液中。病情一旦惡化，可能會引發尿毒症而危及性命。在這樣的情況下，有時必須進行透析

很久以前，有位知名漫畫家因為「飲尿保健法」＊而掀起話題呢。
咦？是誰呀？
要再喝進去嗎?!
我個人是覺得，要把已經排出的東西再喝進肚，實在無法恭維呀～
嗯嗯嗯…
什麼?!
喝尿不會致病嗎？
!!
如果身體健康，尿液就只是水分和老廢物質而已。
我都不知道耶～
面有難色
問題是，接吻的對象可能無法接受吧！
咦咦咦!!!
這問題可就大啦!!

＊飲尿保健法（尿療法）是一種民間療法，並無醫學根據。

療法。

製造尿液的目的在於留下身體所需之物並捨棄不必要的物質

腎臟是由無數相當於尿液製造工廠的腎元聚集而成。腎元中的尿液製造過程大致可分為兩大階段。在第1階段中，是先透過聚集於腎絲球這種線頭狀之物上的細血管來過濾血液，再由包覆腎絲球的鮑氏囊來承接。在這個階段，紅血球、白血球與蛋白質這類較大的分子會保留下來，不會被過濾掉。尿液通常不含蛋白質，所以如果本來無法通過過濾器的大型物質出現在尿中，或許是過濾功能出現異常。

第2階段則為再吸收。過濾後的水分接著會流入腎小管，人體所需的物質會於該處再次返回血液之中。葡萄糖與胺基酸是重要的營養，所以會100%重新吸收回到血液內。為了因應身體狀況來維持身體的內在環境恆定（恆定性），會適量地再次吸收鈉等電解質或水。另一方面，非必要的物質則會遭捨棄，從血管進入腎小管，此即所謂的分泌物。過濾後的物質99%都會重返血液之中。

腎臟與各式各樣的荷爾蒙有所關聯，鈉或水的再吸收量即由若干種荷爾蒙所調節。尿液是從血液中產生，所以必須透過強勁的壓力讓血液流至腎臟。為此，一旦腎臟感受到血壓下降，就會釋出可提升血壓的荷爾蒙。

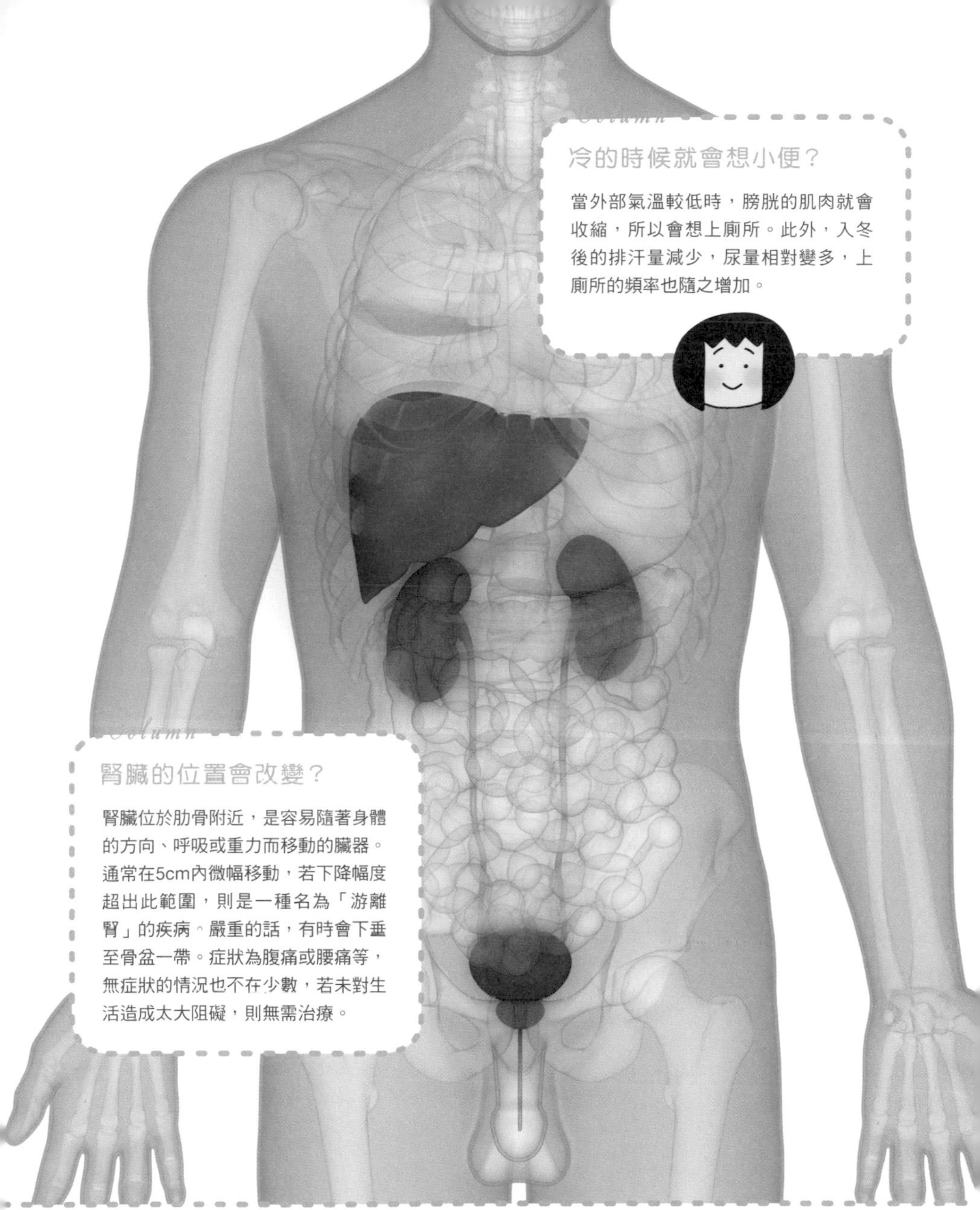

冷的時候就會想小便？

當外部氣溫較低時，膀胱的肌肉就會收縮，所以會想上廁所。此外，入冬後的排汗量減少，尿量相對變多，上廁所的頻率也隨之增加。

腎臟的位置會改變？

腎臟位於肋骨附近，是容易隨著身體的方向、呼吸或重力而移動的臟器。通常在5cm內微幅移動，若下降幅度超出此範圍，則是一種名為「游離腎」的疾病。嚴重的話，有時會下垂至骨盆一帶。症狀為腹痛或腰痛等，無症狀的情況也不在少數，若未對生活造成太大阻礙，則無需治療。

若尿液裡有氣泡，須格外注意！

如果只是稍微起泡，不構成問題，但如果出現大量細小泡沫且遲遲未消失，則很有可能是疾病的徵兆。大量泡沫證明尿液裡含有大量醣或蛋白質。也有可能是糖尿病或腎臟疾病，應儘早至醫院就診。

膀胱

膀子小姐

超級啤酒愛好者。明明是女孩子，卻為啤酒肚發愁，又敵不過啤酒的誘惑。到居酒屋會選擇離廁所最近的位置。

尿液顏色是健康的晴雨表

膀胱位於下腹部恥骨正後方，是暫存尿液、猶如人體蓄水池般的地方。在腎臟產生的尿液會通過輸尿管送至膀胱。膀胱積存200〜300㎖左右的尿液後，神經會受到刺激而引發尿意。健康的成人一天會排尿5〜8次。

尿液顏色可說是健康的晴雨表。在健康狀態下是透明的，呈淡淡的黃色或黃褐色。尿液若接近無色，應該是攝取過多水分而尿量多，也有可能是無法濃縮尿液而變得多尿的尿崩症。反之，若是顏色太深，研判是大量流汗等而水分不足。若轉為深褐色，則疑似是肝臟疾病或熱病。此外，如果尿液白而混濁，有時是混雜著膿液或大量白血球，可能罹患了腎盂炎、膀胱炎、尿道炎或前列腺炎等。倘若尿液呈紅色，則是因為紅血球在腎小管裡並未被重新吸收而漏入尿液之中，又稱為血尿。血尿有時是肉眼看不出來的尿潛血陽性。有些情況下是單純因為過勞，有時則是罹患腎臟或結石等尿道疾病，所以建議到醫院就診。

尿量極多或極少或許也是一種通知身體異常的訊號。倘若有上廁所次數增加、尿量變多、嚴重口乾舌燥等症狀，有可能是糖尿病等疾病。反之，若水分攝取量未減，尿量卻大減，則有可能是腎臟問題引發過濾功能下降。

乾杯～！
不過啤酒會利尿吧～
說到尿液呀，如果顏色像啤酒這麼深，就要特別注意，要是起泡了，問題就大條囉！
咕嚕咕嚕
叮……
妳喝這麼多……膀胱承受得住嗎？
咕嚕咕嚕
妳該不會是
不想浪費吧？
啤酒喝下肚後，尿液會不斷囤積在膀胱裡……
只要忍一忍，大概可以容納800cc左右，沒問題的～！
今晚就是
暢飲派對!!
可以喝1大杯喔!!!
唉～啤酒都變難喝了！

男女的尿道機制各有各的特色

從尿液離開膀胱到排泄出去為止的這條通道即為尿道，而男女的位置與長度大不相同。男性的尿道全長約16～18㎝，貫穿陰莖，尿道外口的開口位於其末端部位，離膀胱有段距離，較少因細菌而引發感染。然而，正因為其長度較長而有容易堵塞的缺點。此外，上了年紀後，前列腺會肥大而尿道變窄，結果要花較多時間排尿。

女性的尿道較短，全長才4～6㎝，尿道外口的開口位於陰道口稍前之處。由於尿道短，所以不太需要擔心像男性般中途堵塞。然而，細菌容易進入膀胱，所以較容易引起膀胱炎。

據說每5名女性就有1人曾得過膀胱炎。其症狀為頻尿，每次只會尿出一點，卻有殘尿感，會讓人頻頻想上廁所。膀胱炎是進入膀胱內的細菌繁殖而引起發炎。大腸桿菌是最常見的病原菌。一般認為這不僅是因為女性的尿道比男性短，尿道口離肛門較近也是原因之一。

男性的尿道

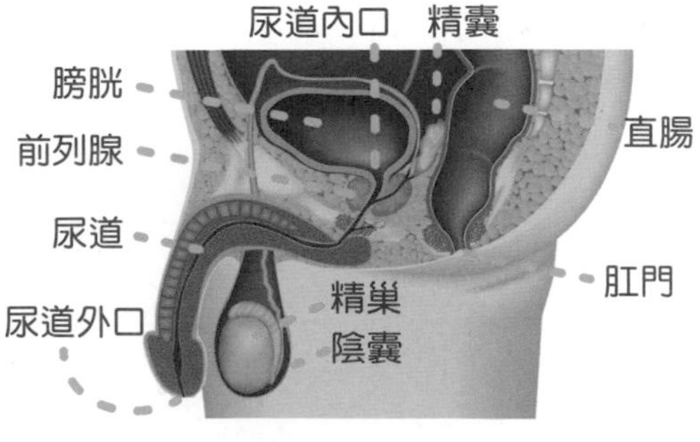

好發於男性的尿路結石

尿路結石會伴隨著劇烈疼痛，又稱為「疼痛之王」。是尿液所含的老廢物質形成結晶後，卡在泌尿道（腎臟、輸尿管、膀胱、尿道）等引發的症狀。罹患此疾病的男性多於女性。

第5章

內分泌系統與生殖系統

「各式各樣的荷爾蒙」

因應需求來調節身體功能的各種荷爾蒙

討論健康或疾病的話題時，經常會提及荷爾蒙是否平衡。追根究柢起來，究竟何謂荷爾蒙？荷爾蒙一字源自於希臘語，意指「刺激」，是在體內分泌的物質，作用在於因應狀況適時調節各器官或臟器的功能。是在體內分泌，所以分泌荷爾蒙的機制稱為內分泌。

荷爾蒙有多種類型且功能各異。有些荷爾蒙會作用於其他臟器來調節該臟器的荷爾蒙分泌。舉例來說，間腦的下視丘會對腦下垂體前葉發出增加或減少荷爾蒙的命令。腦下垂體前葉會進一步釋放出荷爾蒙，對下方的內分泌腺傳遞命令。該荷爾蒙有3種，分別為促甲狀腺素、促腎上腺皮質素與促性腺激素。此外，有些情況下，內分泌腺會直接感受到血液中的物質濃度變化，並直接釋出荷爾蒙。比方說，胰臟的蘭氏小島會感知血液中的葡萄糖濃度，並因應狀況分泌出降低血糖值的胰島素或是提升血糖值的升糖素。有些情況下甚至會因神經刺激而釋出荷爾蒙，比如腎上腺髓質會依照交感神經的指令而釋放出腎上腺素等荷爾蒙。

順帶一提，兒童成長中最重要的課題之一便是獲得生殖能力。隨著身體或性徵的成長，性腺逐漸發達，開始分泌女性荷爾蒙或男性荷爾蒙來控制性方面的成長。在這些荷爾蒙的作用下，女性出現初潮、排卵，男性則發生初精，開始具備生殖能力。此外，體型上也逐漸出現女性化或男性化的變化。此為第二性徵，這個時期即為青春期。

吃燒肉時，我最愛點燒烤內臟類了，但是我本身的女性荷爾蒙很弱呀~
滋~
滋~
這是兩碼子事。
女性荷爾蒙不正意味著女人味嗎？
咦~
妳是這樣解讀的啊。
你幫我點些可以提升女性荷爾蒙的餐點吧！
交給你囉！
喔……
菜單
給我來一份能讓肌膚滑溜的膠原蛋白＊鍋。
馬上來!!!
菜單
點這道或許很像有女人味，但有醫學根據嗎？

＊所謂的膠原蛋白：蛋白質的一種，有維持血管的彈性與肌膚的張力、強化骨骼等作用。從食物中攝取的膠原蛋白會先被分解，所以無法直接為人體所利用。

較具代表性的內分泌腺以及其分泌的荷爾蒙

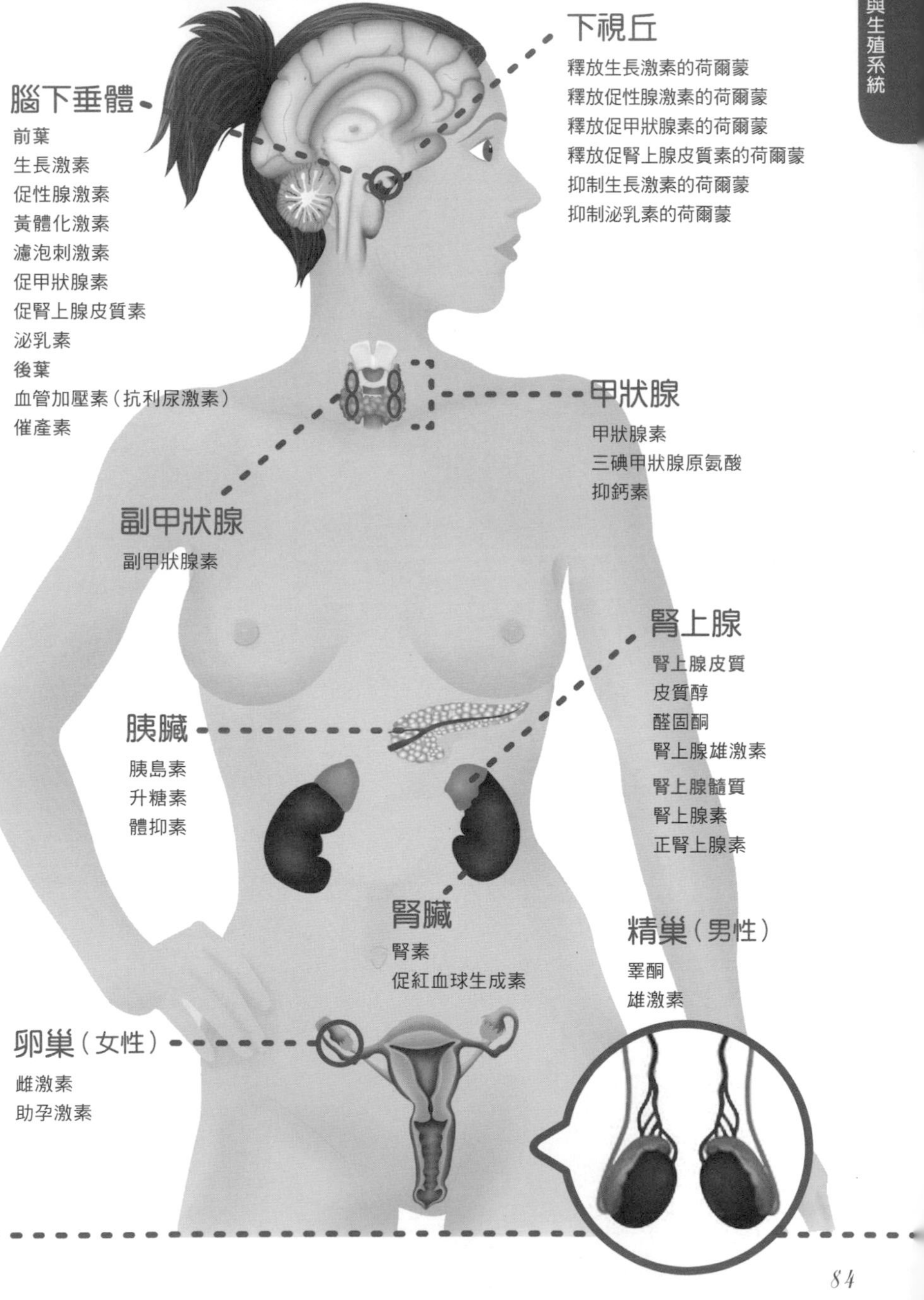
下視丘
釋放生長激素的荷爾蒙
釋放促性腺激素的荷爾蒙
釋放促甲狀腺素的荷爾蒙
釋放促腎上腺皮質素的荷爾蒙
抑制生長激素的荷爾蒙
抑制泌乳素的荷爾蒙
腦下垂體
前葉
生長激素
促性腺激素
黃體化激素
濾泡刺激素
促甲狀腺素
促腎上腺皮質素
泌乳素
後葉
血管加壓素（抗利尿激素）
催產素
甲狀腺
甲狀腺素
三碘甲狀腺原氨酸
抑鈣素
副甲狀腺
副甲狀腺素
腎上腺
腎上腺皮質
皮質醇
醛固酮
腎上腺雄激素
腎上腺髓質
腎上腺素
正腎上腺素
胰臟
胰島素
升糖素
體抑素
腎臟
腎素
促紅血球生成素
精巢（男性）
睪酮
雄激素
卵巢（女性）
雌激素
助孕激素

Column

會對壓力有所反應的腎上腺

我們活著就會在日常生活中承受各種大大小小的壓力。造成壓力的刺激即稱為壓力源，含括範圍甚廣，比如噪音、寒冷、外傷、精神衝擊、不安與恐懼等。當我們感受到壓力時，身體會做出防衛並出現試圖適應的反應。腎上腺在這種時候肩負著重要任務。腎上腺是位於左右腎臟上方的臟器，外側稱為腎上腺皮質，內側則稱為腎上腺髓質。

腎上腺皮質所分泌的數種類固醇激素中，較具代表性的便是皮質醇，以抗壓力與消炎的作用為人所知。腎上腺髓質則會分泌腎上腺素與正腎上腺素。一旦處於壓力狀態而交感神經變得興奮，腎上腺髓質所分泌的正腎上腺素就會增加，致使血壓或血糖值上升、心率增加等。同時，下視丘會分泌釋放促腎上腺皮質素的荷爾蒙，訊號經過腦下垂體傳遞至腎上腺皮質，皮質醇的分泌隨之增加而提高了抗壓性。然而，人體若持續承受龐大的壓力，會因無法完全適應而引發各種身心上的症狀。從腎上腺髓質產出腎上腺素時會消耗大量維生素C，因此最好有意識地加以補充。

女性荷爾蒙

南西妹妹

化妝無懈可擊的傲嬌女子。非常情緒化，不過周遭的人都對此瞭然於心並巧妙地與她和睦相處。

涉及排卵與月經的2種女性荷爾蒙

卵巢為女性的生殖器之一，是位於子宮兩側、左右各一成對的器官，負責孕育卵子並排卵，或是分泌女性荷爾蒙。進入青春期後，卵巢便會開始分泌荷爾蒙。動情素（雌激素）會增加皮下脂肪好讓乳房鼓起等，逐步塑造女性的身體。此外，黃體素（助孕激素）則有使卵巢成熟的作用。

從青春期到停經為止，女性的身體會歷經排卵與月經的週期性循環，每月都為產子做準備。首先，腦下垂體會根據來自大腦下視丘的指令分泌出濾泡刺激素，促使包覆卵子的卵泡成熟。這些卵泡會分泌雌激素。當血液中的雌激素充足時，大腦的下視丘便會重新發出指令，使之分泌黃體化激素來刺激成熟的卵泡進行排卵。排出卵子後的卵泡會轉變成黃體，分泌助孕激素。這些可以增加子宮內膜的厚度，讓受精卵容易著床。這時若未受精，不需要的子宮內膜會從子宮剝落，月經就此展開。這一系列的作業是由大腦的下視丘所控制。下視丘還掌管自律神經，所以有時也會受到壓力等影響而月經不順。

月經前1～2週左右所引起的不適症狀稱為經前症候群（PMS）。其症狀多樣，由於女性荷爾蒙的分泌在這個時期變化劇烈，所以一般認為與荷爾蒙失調有關。此外，停經前後時期可能會引發

更年期障礙，女性荷爾蒙的分泌變得不穩定，有時還會引發身體狀況或精神狀態上的異常。

女性荷爾蒙與瘦身

女性身體的瘦身難易度也會隨著荷爾蒙的平衡而異。月經後1週至10天內，雌激素的分泌會變多，有調整自律神經或皮膚狀況、促進新陳代謝的作用。這個時期比較能輕鬆瘦。反之，從排卵到月經結束為止的這段期間，會大量分泌名為孕激素的荷爾蒙。這種荷爾蒙有讓血液循環停滯而容易水腫的作用，可說是不適合瘦身的時期。

從排卵到著床的過程

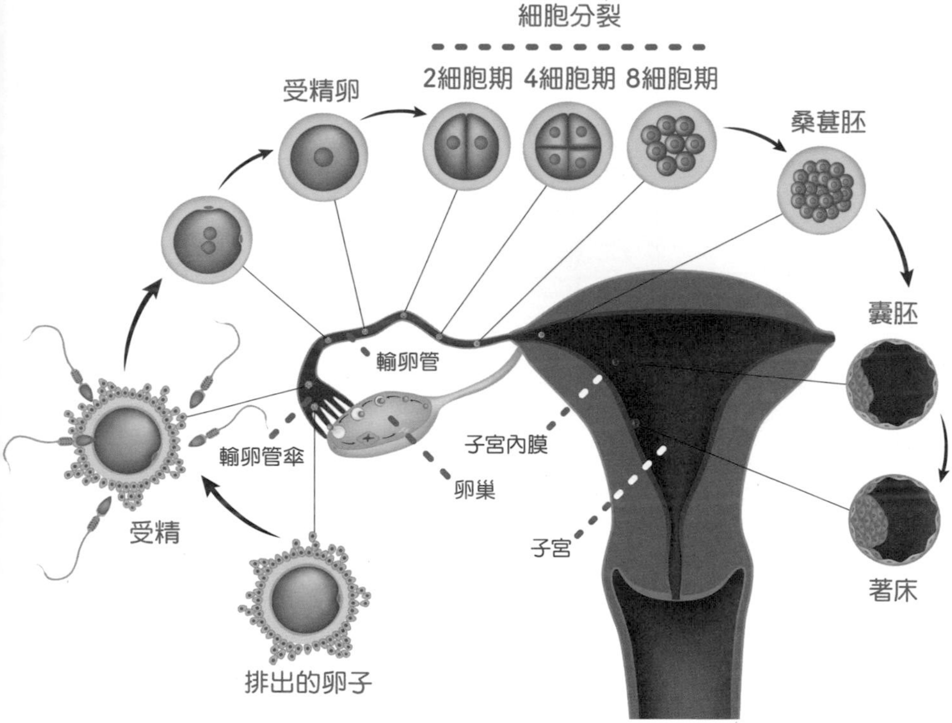
細胞分裂
受精卵
2細胞期
4細胞期
8細胞期
桑葚胚
囊胚
著床
輸卵管
輸卵管傘
子宮內膜
卵巢
子宮
受精
排出的卵子

Column

雙胞胎的形成機制

一次排出兩顆卵子且兩顆皆成功受精，即為異卵雙胞胎。一顆卵子在受精後因為某些原因而分裂成兩顆，便形成同卵雙胞胎。

產後的胎盤是可以吃的？

胎盤是為胎兒提供營養的重要器官，會隨著生產而排出母體外。據說胎盤含有豐富的營養，所以大部分的哺乳類在產後會食用自己的胎盤。

負責創造生命之源的女性生殖器的機制

女性的生殖器是由左右各一成對且負責產生卵子的卵巢、從卵巢運送卵子至子宮的輸卵管、接納受精卵並孕育胎兒的子宮，以及從體表可見的外陰部所構成。相對於男性的生殖器有身體外側與內側之分，女性的生殖器除了外陰部外，大部分的功能都在體內。其大多位於骨盆內側，夾在膀胱與直腸之間。這是為了保護胎兒抵擋溫度變化或危險。

子宮壁是由黏膜、肌層與腹膜所形成的三層構造。黏膜的部分稱為內膜，是準備讓受精卵著床的地方。肌層則是由平滑肌所構成，一旦懷孕就會擴大，以便容納胎兒。此外，子宮和其他內臟一樣，外面也覆蓋了一層腹膜（子宮漿膜）。

子宮的下方部位逐漸變窄，從陰道連接至陰道口。陰道是連接子宮與外陰部的管狀器官，其內面覆蓋著一層堅韌的黏膜，壁層則是由平滑肌所構成。此外，內面會維持酸性以防止細菌感染。性交時，男性的陰莖會進入陰道進行射精，分娩時，此處則成為嬰兒的產道。

男性荷爾蒙

男性荷爾蒙的分泌促進精子的形成

和女性一樣，男性到了青春期，大腦的下視丘也會發出指令，從睪丸分泌出男性荷爾蒙，藉此促進性器發育、出現第二性徵並形成精子等。

男性陰莖旁邊左右各有一顆睪丸（精巢），是製造精子的地方，也會分泌男性荷爾蒙雄激素。左右睪丸各自獨立製造精子，因此即便有一個失能，也不會喪失生殖能力。

精子在胎兒階段即已誕生，作為精子基礎的原始生殖細胞則出現於胎兒初期，出生後不久便開始分裂，形成精原細胞，隨後暫時進入冬眠狀態。到了青春期，在男性荷爾蒙的作用下再次展開活動。精原細胞成長為精子約需2個月，會在睪丸內密密麻麻的生精小管中反覆分裂。在為精原細胞提供營養的塞特利氏細胞的幫助下，一天可製造出3000萬個精子。從10歲左右開始製造，據說一生中會製造出多達1兆～2兆個精子。

前列腺癌是男性特有的疾病。前列腺位於膀胱下方、環繞尿道的地方，具有分泌前列腺液等作用。一般認為，前列腺發達或罹癌皆與男性荷爾蒙密切相關。在雄激素的作用下，前列腺發育變大，功能也很發達。40歲之後，雄激素的分泌下降，前列腺液的分泌也逐漸減少。進入中高年期後，荷爾蒙會失衡而增加罹患前列腺癌的可能性。大多在50歲之後發病，

麥可君

是個有點自戀的帥哥。往往扮演自娛娛人的小丑角色，但實際上是個疼愛老婆的紳士。

關於這個說明，回答時請節制一點。
哼哼
這樣啊～
我的所在之處大概在這一帶。
靠近
……
我就知道～
我媽媽常說，男人都是用下半身思考的。
呵呵。。。
男人即便上了年紀，荷爾蒙也老而不衰，對吧！
這種恥辱感是怎麼回事…
討厭～!!
我真是受夠了！

70歲以上的患者最為常見。

因心理與生理問題所引起的ED（勃起功能障礙）

男性無法勃起的狀態稱為陽痿，英文正式名稱為ED（Erectile Dysfunction），意指勃起功能障礙。其原因多樣，但可大致區分為功能性ED與器質性ED兩大類。

功能性ED可能源於焦慮、壓力、緊張過度等心因性因素，或因精神疾病所引起。一般認為是急遽的壓力使交感神經緊繃而血管收縮，或是海綿體的平滑肌緊繃而使通往海綿體的血流受阻所引起。

器質性ED則是因為生理上的疾病而引起的勃起不全。比方說，糖尿病引起的併發症，腦損傷、脊髓損傷、高血壓等疾病，或是藥物的副作用等，有時也會有所影響。

據說60歲以上的男性中，有30％的人罹患此疾，每個人都有可能罹患ED。釐清原因並接受正確的治療極其重要。

男性的生殖器

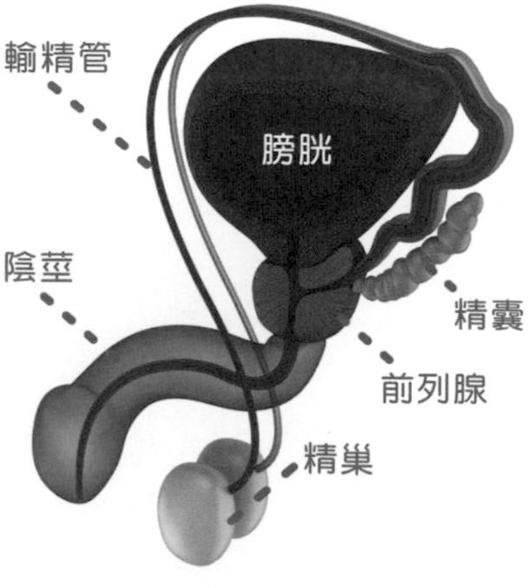

勃起的機制

勃起是「海綿體」——位於陰莖中，為海綿狀微血管的集合體——充血所引起的。一旦皮膚或大腦受到刺激而產生性興奮，便會透過神經將血液送進海綿體而呈勃起狀態。此外，在無性興奮的情況下仍可引發勃起。若直接刺激到性器官但未伴隨著性興奮的勃起，則單純只是一種反射動作。即便是剛出生的嬰兒，有時也會因為換尿布時的接觸刺激而勃起。

第6章

腦神經系統

「大腦的祕密」

大腦的功能是由各個部位分工合作

大腦可依構造區分為大腦、小腦、間腦與腦幹。大腦是會思考且有感情的地方，還擔任綜合性地控制體內各個器官，維持生命的重大角色。

大腦負責高難度的訊息處理，含括人格、理性、語言、感覺、運動調節以及記憶的保存等。間腦則是將來自大腦的訊息傳遞至下方中樞的中繼站，並控制著自律神經。小腦控制著無意識的身體動作。肌肉能夠保持在恰到好處的緊張狀態並維持平衡，都是小腦的功勞。腦幹則是維持生命不可或缺的。尤其是延髓，匯集了呼吸、循環、吞嚥與嘔吐等活著必備的功能中樞。

順帶一提，人一旦陷入植物人狀態，即便沒了意識，腦幹的部分功能仍會繼續運作來維持基本的生命活動。另一方面，腦死則是含腦幹在內的整個腦部徹底失能的狀態。在判斷腦死時，會用光照射眼睛來確認瞳孔是否有收縮，這是因為瞳孔的反射中樞位於腦幹，故以此來確認腦幹是否還活著。

名為神經元的神經細胞是構成腦部的最小單位。人腦中有數以千億計的神經元，連結成極其複雜的迴路。神經元之間的連結部位稱為突觸。突觸的接合部位有縫隙，其機制是，當訊息開始傳遞，此處便會分泌微量的神經傳導物

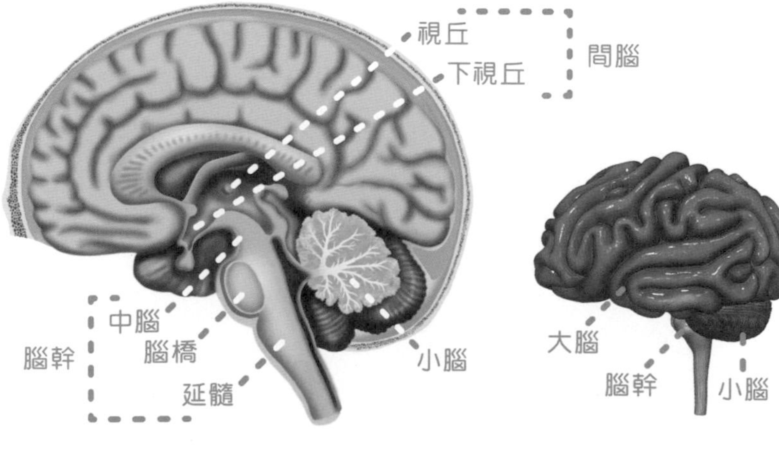
視丘
下視丘
間腦
中腦
腦橋
延髓
腦幹
小腦
大腦
腦幹
小腦

質以附著在下一個神經元上，藉此傳遞訊息。

＊數據出自於日本厚生勞動省e-Health網站的＜人類臟器與組織中的靜態代謝量＞（《營養學總論 修訂第3版》，糸川嘉則等人合著，南江堂）

大腦

猶如人體總指揮室的中樞器官

大腦占整體腦部的8成，接收身體各處送來的訊息，經過判斷後，再對身體各部位發號施令，可說是發揮人體控制中心作用的中樞器官。大腦是由左右兩個大腦半球所構成。大腦半球還可進一步劃分為4個腦葉，分別為額葉、頂葉、顳葉與枕葉，各自發揮著不同的功能。大腦表面有個灰質區，稱為大腦皮質，上面覆滿細密的皺褶。若將那些皺褶攤平延展開來，相當於1張報紙那麼大。一般認為是透過打造皺褶來獲得更大的表面積，即可處理或儲存龐大的訊息量。

大腦皮質支配著感受、記憶、思考、說話等人類特

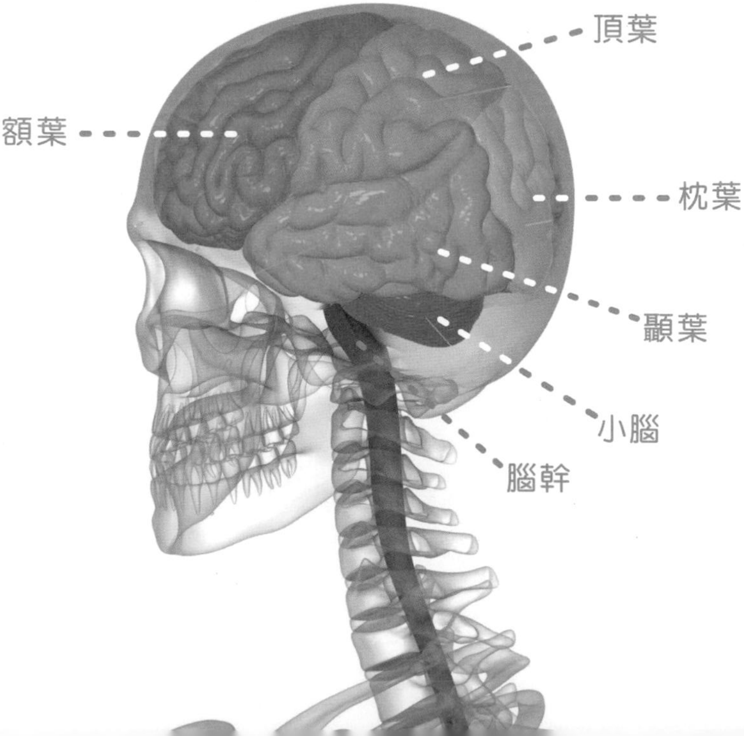

有的高度智能活動。比方說，當我們聽別人說話並做出回應時，從耳朵聽到的訊息會先聚集至掌管語言理解的聽覺性語言中樞。針對訊息仔細感受並判斷，隨後送至位於額葉的運動性語言中樞，因為對方所說的內容而感受到的腦內思考會在此處轉化為語言或文章。最後從額葉的運動區域發出指令，說出在腦內所形成的語句。腦部會在瞬間執行這一系列的過程。

失智症是因為大腦的神經組織受損導致智力喪失，是一種會影響日常生活的疾病，有記不住新事物、重複相同的對話、無法正確穿衣等症狀。根據引起失智症的原因，可分為阿茲海默型、路易氏體型、額顳葉型、血管性失智症等。

人類的性質取決於額頭

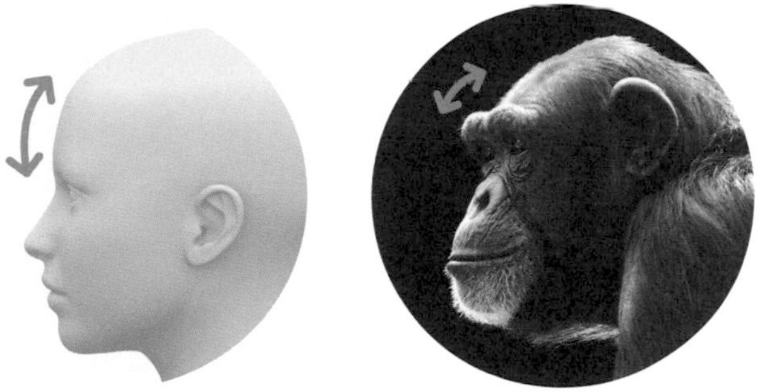

大腦皮質發達已成為動物具備某程度高智能的佐證。黑猩猩等類人猿的大腦皮質也十分發達，與人類最大的差別在於額葉的大小。目前已知黑猩猩的額頭比人類小得多。額葉是掌管理性、道德、感情等人類特有感情與行為規範的部位。一般推測，或許是因為人類的額葉高度發達，才能適度控制感情，過著穩定的社會生活。

右腦左腦

腦部會密切交換訊息並巧妙運用全身

小右與小左

總是形影不離、感情融洽的搭檔。在生活中互相交換訊息並彼此扶助。常被誤認為雙胞胎，但只是外表相似罷了。

大腦以一條名為大腦縱裂的深度皺褶為界，以自己的角度來看，區分為位於右側的右腦與位於左側的左腦。這裡的右腦與左腦是藉由胼胝體——位於大腦縱裂底部，由約2億條神經纖維束所組——相互連絡並發出指令。此外，身體的運動指令也是來自右腦或左腦其中一方：右腦對左半身發送命令，左腦則對右半身下達命令。這是因為連接大腦與身體各部位的神經在延髓之處左右交叉後延伸出去。此機制即稱為對側控制。

目前已知，腦部掌管語言活動的部位大幅偏向於左右腦其中一方。該部位稱為語言區，所在部位稱為布若卡氏區與韋尼克區。一般認為語言區位於左右哪一邊與慣用手有關。大部分的右撇子與大約30～50％的左撇子，也就是整體90％以上的人，語言區是位於左腦。語言區所在之側有時稱為優勢半球，而無語言區的那側則稱為劣勢半球，但這並不代表腦半球有優劣之分。

此外，在表達人的特質時，常說較重視感性的創造型人格為右腦派，偏重理論的理性型人格則為左腦派，但這是民間說法，並無科學根據。

然而，如今已經逐漸釐清，人腦會讓每個區域分擔功能以便有效率地運作。比方說，有

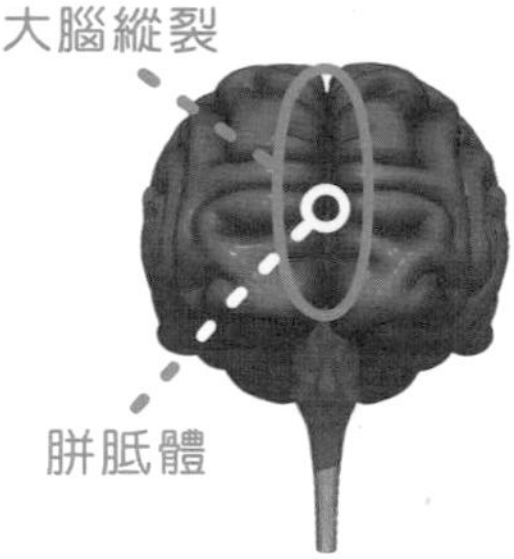
大腦縱裂
胼胝體

報告指出，在調查聽音樂時的腦內活動狀況的實驗中，感受音調（聲音高低）的區域與感受節奏的區域各異。腦部的每個區域皆肩負不同的功能，在交換訊息中巧妙運用著整體。

開心
開心
我們雖然是不一樣的類型。
但總是膩在一起。
看得出來呢。
右
左
我屬於理論型，擅長計算。
我是感性型！比較有藝術細胞。
右
左
看書的時候，小左我會負責讀拼音。
大豆
Diet
小右我負責讀漢字！
大豆 Diet
不是嗎？害我都相信了！
咦！只是傳說?!
大家都是這麼說。
不過沒有根據啦。

小腦
彙整並傳遞運動指令的神經細胞集合體

小腦緊貼在大腦下方，僅占腦部總重量的10％左右，和大腦比起來，小腦極小。神經細胞密密麻麻地匯集於小腦中，數量約為1000億個。大腦皮質約為140億個，相較之下這個數量極其可觀，全身半數以上的神經細胞皆集中於此。小腦與人類的基本活動密切相關，比如處理為了驅動身體而從大腦發出的運動訊息、發出維持生命不可欠缺的運動指令等。

在此來介紹小腦的主要功能。首先是掌管身體平衡感的功能。人類之所以能站立或行走，是因為小腦會根據三半規管所感受到的平衡感受來維持平衡。

此外，小腦與全身運動有密切關聯，還具備調節作用，一接收到來自大腦的運動指令，便會在複雜的骨骼肌肉間取得平衡，以便順暢地活動。比如靈活運用指尖來進行較精細的作業等時候。

不僅如此，小腦還涉及了程序性記憶。正如我們常說的「用身體來記憶」，即是透過反覆進行技術性的動作，學習在無意識下自然而然地執行，如此一來，學會的技術就不太會忘記。比方說，只要掌握騎自行車的

Mr. Little Brain

運動神經絕佳的舞者，不僅會跳舞，還會騎單輪車、彈鋼琴、演啞劇等，可說是十八般武藝樣樣精通。

方法，即便有一段時間沒騎，仍可順利地騎乘。這類運動學習也和小腦息息相關。

記憶

根據記憶的內容儲存於腦部各處

有人針對人類的記憶提出雙重儲存模式的理論，即一直牢記的長期記憶，以及轉眼即忘的短期記憶。此理論的內容如下：

短期記憶是暫時記住的記憶，在海馬體等處形成並保存，若多次體驗或重要性提高，有時也會轉換為長期記憶。一般認為海馬體在短期記憶的形成與從短期記憶轉換為長期記憶上，發揮著舉足輕重的作用。

一般推測，原本主要由海馬體暫時保存的記憶可能會送至大腦皮質的聯合區，經過很長一段時間後，最終儲存了下來。從海馬體移至大腦的記憶稱為長期記憶，海馬體短期間記住的記憶則為短期記憶。

長期記憶含括了情節記憶、語義記憶、程序性記憶與情緒記憶等。據說親身體驗過的情節記憶主要是存放在海馬體，學習內容等語義記憶儲存於額葉、海馬體或顳葉等處，而恐懼或快樂這些與喜怒哀樂相關的情緒記憶則是儲存在杏仁核中。自行車騎法或樂器演奏等程序性記憶則有大腦基底核與小腦參與其中。

在日常中派上用場的超短期記憶

在日常生活中，瞬間消除也無所謂的記憶稱為「工作記憶（working memory）」，比如購物時的零錢計算等。此為認知心理學的概念。

大腦部位與記憶的關係

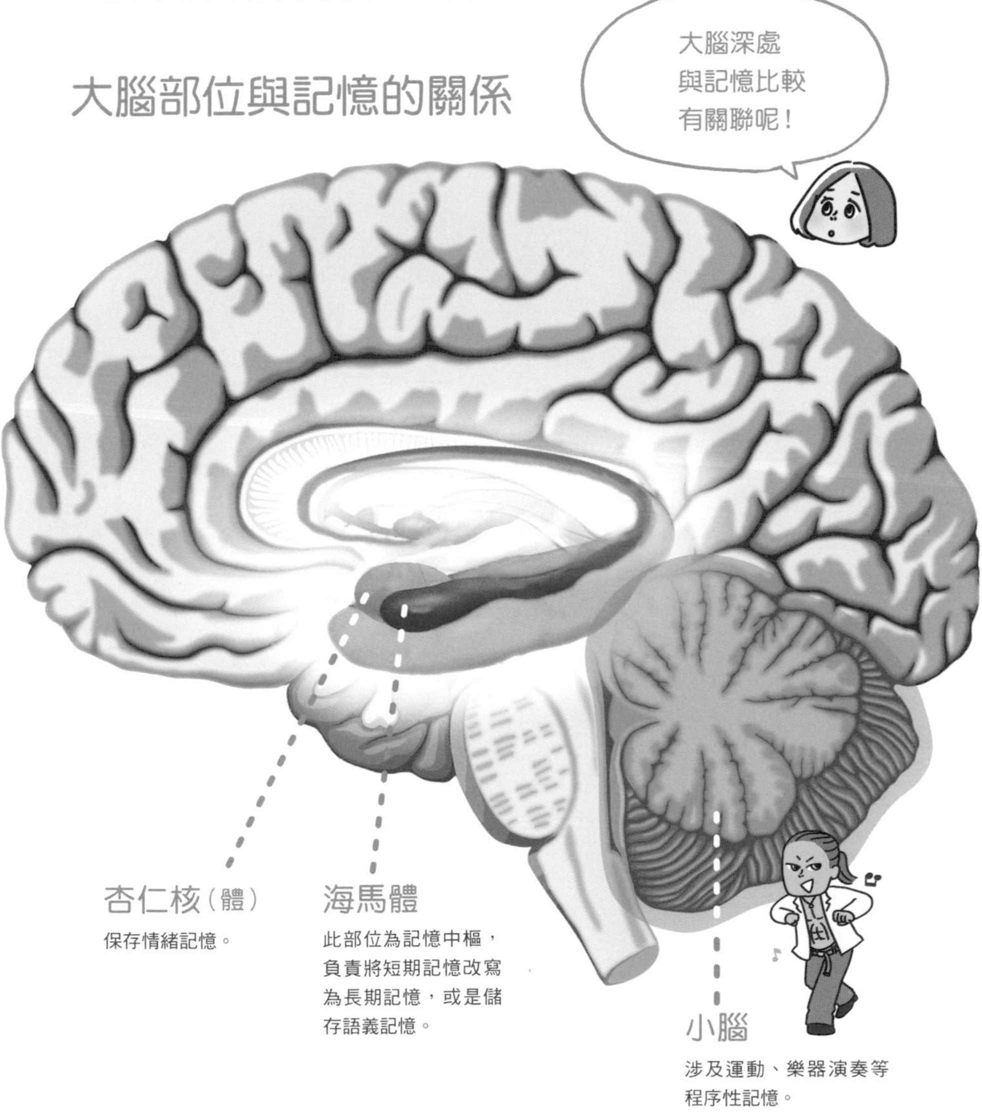

大腦深處
與記憶比較
有關聯呢！
杏仁核（體）
保存情緒記憶。
海馬體
此部位為記憶中樞，負責將短期記憶改寫為長期記憶，或是儲存語義記憶。
小腦
涉及運動、樂器演奏等程序性記憶。

睡眠

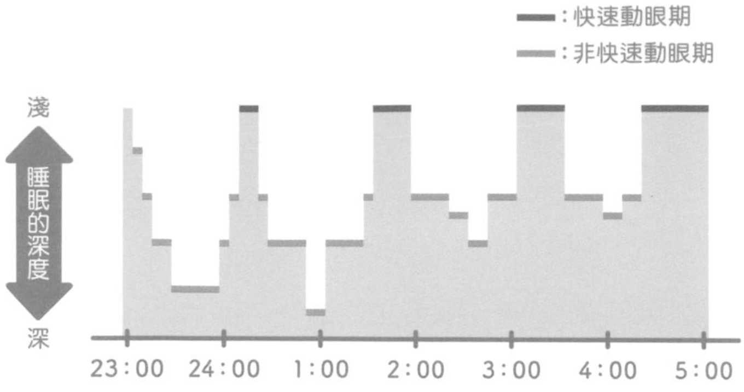
：快速動眼期
：非快速動眼期
淺
睡眠的深度
深
23：00
24：00
1：00
2：00
3：00
4：00
5：00

睡眠是本能行為，亦為大腦的功能之一

人類有基本的生活節奏，即日出而作，日落而息。睡眠為本能行為之一，讓身體休息並補充能量。一般認為，因為有這段睡眠時間，大腦才能經常處理高階的訊息。

大腦有睡眠腦與促進睡眠腦之分。睡眠腦即大腦皮質，大腦休息後，其支配下的全身各部位便會出現各種睡眠狀態。促進睡眠腦則是指間腦、中腦、腦橋與延髓。腦內是由一種名為神經元的神經細胞相連而形成神經迴路，傳遞著電信號。支持這種活動的便是神經元彼此連接的部位：突觸。從該處釋放出來的神經傳導物質與睡眠物質參與著睡眠調節。

順帶一提，睡眠有快速動眼期與非快速動眼期兩種類型。快速動眼期是指眼球在閉上的眼皮底下移動，進行著快速的眼球運動，即身體在休息但大腦還醒著，換言之，是一種作夢的睡眠狀態。若在非快速動眼期把閉著的眼皮掀開，眼球是朝上且完全不動，處於讓大腦與身體雙方休息的狀態。這兩種類型的睡眠巧妙組合後，即打造出睡眠狀態。這兩種類型的睡眠的次數與時間會因人而異，也因年齡而異。嬰兒沒有像成人般的快速動眼期與非快速動眼期，其睡眠時間占了一天的一半至3分之2以上。

為了一覺好眠，神清氣爽地醒來也很重要。快速動眼期與非快速動眼期的節奏因人而異，不過據說快速動眼期大多是每隔90分鐘左右發生一次。若在快速動眼期起床，清醒後會覺得神清氣爽，因此在絕佳的區間內起床是很重要的。

失眠最大的原因在於生理時鐘與睡眠覺醒節奏失序

為夜不成眠而苦惱的人，不妨先重新審視白天的生活習慣。

腦部的下視丘與腦幹會對睡眠造成莫大影響。下視丘內建了生理時鐘，人體大約是以1天＝24小時左右的週期來活動，此即所謂的晝夜節律（circadian rhythm）。人體是透過每天早晨照射陽光來調整生理時鐘。若夜裡睡不著而白天犯睏，會導致生理時鐘與睡眠覺醒節奏紊亂，所以不妨先從沐浴在晨光中來調整生活的節奏。白天的生活習慣也有很大的影響。最好也重新審視用餐時間等白天的活動。

此外，下視丘受情緒的影響甚鉅，所以也有必要減輕精神上的壓力。另一方面，打造良好的睡眠環境也至關重要——腦幹有順應感覺刺激來喚醒大腦的功能，所以不易入睡的人要盡量減少來自外部的強烈刺激。

如果睡眠時間充足，白天仍舊想睡覺，很有可能是睡眠呼吸中止症。這是一種呼吸氣流在睡眠中停止超過10秒，也就是呼吸道中的空氣流動停止的狀態（無呼吸及低呼吸），若一晚（7小時）的睡眠中出現30多次，或是1小時內發生5次以上，則懷疑是罹患此症。睡眠呼吸中止症也有導致狹心症或猝死的風險，所以有此疑慮時，建議諮詢專科醫生。

人體沐浴在晨間的陽光之中，就會分泌一種名為血清素的神經傳導物質。入夜後血清素會轉為褪黑激素，由松果體分泌，為睡眠做準備。

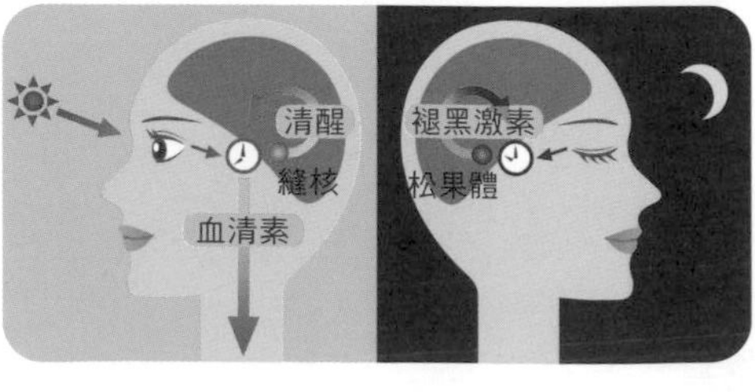

第7章 感覺系統

「負責感受」

感覺器官會接收各種訊息並傳遞至腦部

五感等感知外部訊息的器官即稱為感覺器官。視覺由眼睛、聽覺由耳朵、嗅覺由鼻子、味覺透過口中的舌頭，觸覺則以皮膚來感知。從這些感覺器官接收各種訊息並將之送至腦部進行處理。人體會根據處理後的內容來進行循環系統或內分泌系統等體內活動，或是執行運動系統的行動。以運動為例，會因應感覺器官所接收的瞬間訊息來移動身體。

話說回來，視覺、聽覺、嗅覺、味覺與平衡感是只存在於頭部的特別感覺，這些就叫做特殊感覺。其中的視覺與聽覺是感受聲音或光能之類的物理刺激，並無實體物質進入眼中或耳裡。另一方面，嗅覺與味覺則是味道或氣味的分子這類實體物質進入而感受到的化學性刺激。

除此之外，即便有程度之差，但身體各處皆可感知到的感覺則稱為一般感覺。一般感覺可大致分為軀體感覺與內臟感覺。比方說，眼球與舌頭也有觸覺與痛覺。還有腹痛、空腹感與便意等，各種來自內臟的感覺也會傳遞至腦部。由此可知，雖統稱為感覺，但種類十分多樣。

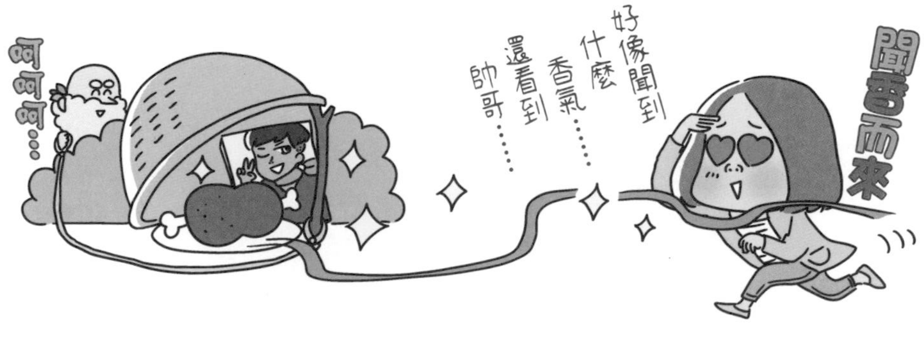
聞香而來
好像聞到什麼香氣……還看到帥哥……
呵呵呵……

人類的感覺訊息有7成左右是視覺訊息。
我也是7成看外表呢！
啊？
妳認真？
聲音迷人。
氣味美好。
觸摸的感覺也很重要。
早安
不過男人還是要看臉蛋啦！
聲音
氣味
觸覺感受
外表
好、好悲哀
這種好男人妳永遠得不到。
那年收入呢？
這麼現實的事就……
這種事要靠自己的第六感來判斷啦！

眼睛

眼子小姐

在隱形眼鏡店工作，是個有著水靈大眼的亮眼系女孩。視力媲美馬賽族，有提升魅力之效的無度數彩色隱形眼鏡為其必需品。

接收光線訊息的超高性能相機

眼睛是一種感覺器官，感知光線來獲取物體的形狀、顏色、與自己的距離等訊息，並盡可能將正確的影像訊息傳遞至腦部。眼睛有著與相機一樣的構造。水晶體會發揮鏡片般的作用，匯集進入眼中的光線，映照在相當於底片的視網膜上。睫狀體是透過自動對焦（Auto Focus）功能來調節鏡頭的厚度，使其聚焦；虹膜則相當於調整光量的光圈。名為視神經的感覺神經會把映照在視網膜上的訊息傳遞至腦部。

觀看物品時，從物體反射回來的光線會在角膜發生折射，通過水晶體，聚焦於視網膜上。若無法在視網膜上順利聚焦，眼睛就會因為近視、遠視、散光或老花眼等而陷入看不清楚的狀態。此外，眼睛能看到什麼樣的顏色，也是由眼睛的感覺受器來捕捉照在目標物上的光線反射，再由3種視錐細胞分配光線波長的長度後，傳遞至腦部。

隨著年紀增長，視力會退化，或是引發導致視力下降的疾病等。動脈硬化或糖尿病等常見於高齡者，這類疾病會減少運往視網膜的氧氣與營養，所以會造成視力衰退。水晶體相當於鏡片，主要成分為蛋白質，幾乎是無色透明的。老化會造成這種蛋白質變質且變硬，水晶體因而混濁而視力退化，即所謂的白內障。

順帶一提，眼淚多半是由位於上眼瞼後方的淚腺分泌的淚液所形成。眼淚除了滋潤眼球的黏膜外，還肩負為角膜與結膜補給營養、殺菌作用以及洗除異物等守護敏感眼睛的重責大任。

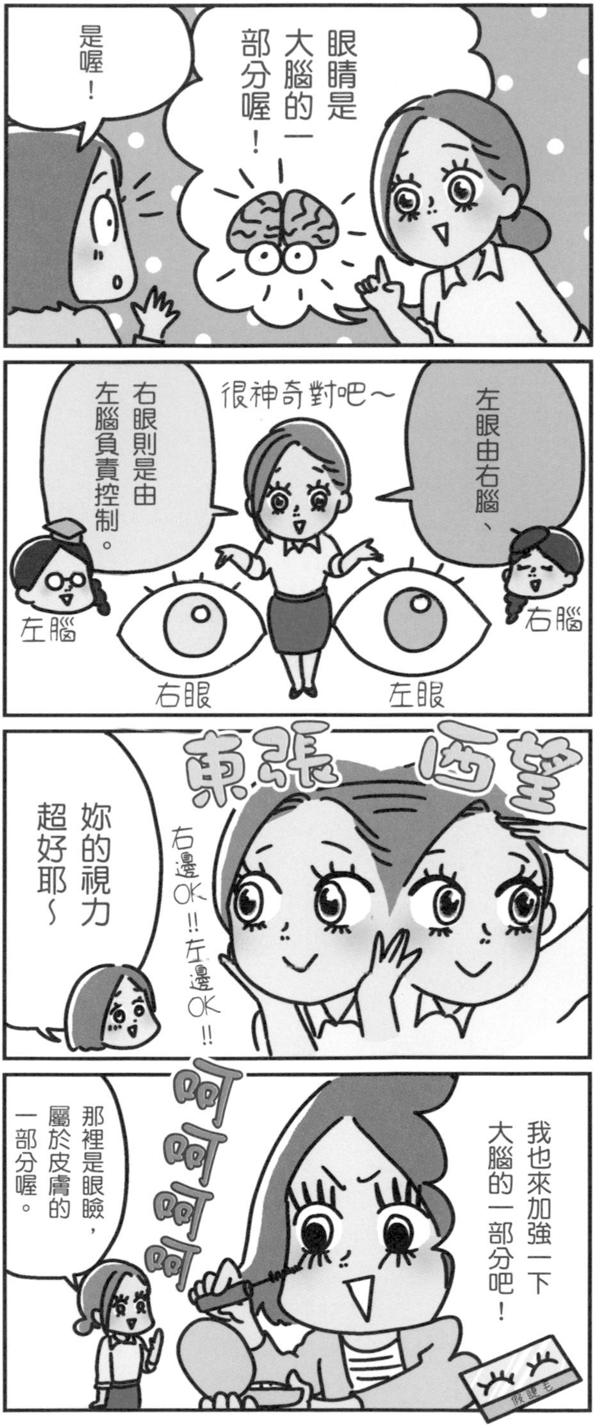

視力差（近視）是怎麼一回事？

近視是指影像焦點落在視網膜之前而導致物體看起來模糊不清的狀態。
大多情況下是看近物的時間過長等原因所致，在屈光度過大的狀態下，水晶體與角膜變得僵硬而導致近視。還有一種情況是，天生眼軸過長，致使焦點無法抵達視網膜。

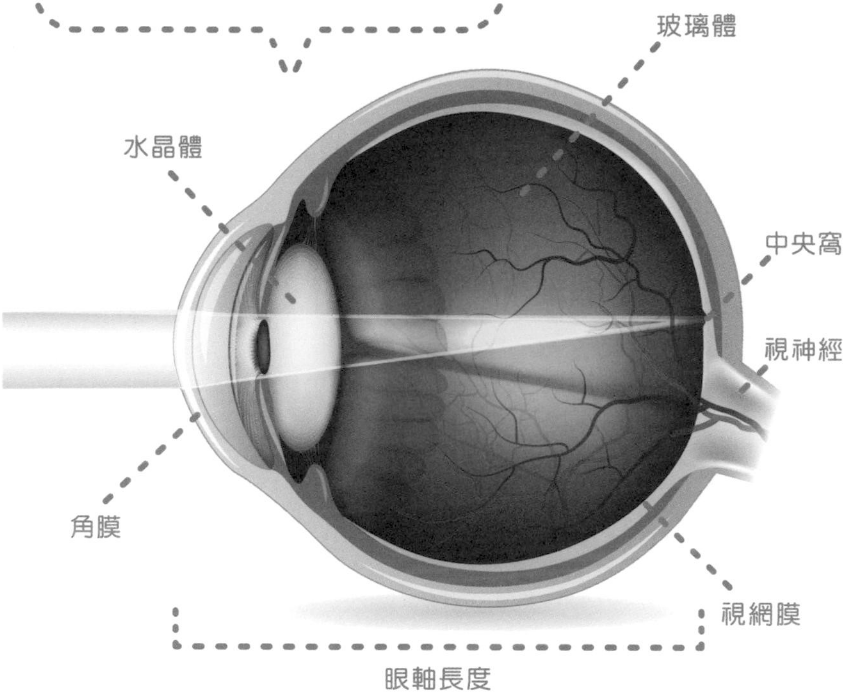
玻璃體
水晶體
中央窩
視神經
角膜
視網膜
眼軸長度

貓的世界為單色調

據說哺乳類中，唯有猴子與人類可以看到五彩繽紛的世界。貓狗身上幾乎沒有可分辨顏色、稱為「視錐細胞」的視覺細胞，所以很難識別顏色。相對地，牠們具備大量可分辨亮度的「視桿細胞」，所以在黑暗之中仍可看得一清二楚。

眼睛也有左、右撇子之分

如同手有慣用手，眼睛也有慣用眼，人在觀看物體時，會無意識地使用慣用眼。
測試方法是先用手做出OK的手勢，用雙眼往圓圈中探視遠方的標的物。分別閉上一隻眼，標的物進入圓圈範圍內的那一邊即為慣用眼。

眼淚是守護眼睛的屏障

人類在傷心或開心時都會流眼淚。悲傷等情緒會傳遞至副交感神經（腦神經中的顏面神經），並釋放出傳導物質。此物質送達淚腺後，便會分泌出眼淚。

除此之外，淚腺還會經常分泌微量的眼淚來滋潤眼睛表面。眼淚多半是由位於上眼瞼後方的淚腺分泌的淚液所形成，不僅滋潤眼球的黏膜，還發揮著多種作用，比如為角膜與結膜補給營養、殺菌作用以及洗除異物等。淚液是由油脂層與水液層組成的雙層構造，薄而平均地廣布於眼睛表面，保護著眼睛。外側的油脂層是分泌自眼瞼邊緣的麥氏腺，有防止眼淚蒸發的作用。內側則是占眼淚大部分的水液層，分泌自上眼瞼後方的淚腺。水液層中含有名為黏液素的黏液（有分泌型黏液素與膜結合型黏液素），可維持淚液的穩定性或防止病原體入侵。

眨眼的作用好比運送淚水的幫浦。1分鐘內會眨眼約20次，一天會釋出相當於20滴眼藥水的淚液到眼睛表面。這種時候，先前的淚液會從位於眼睛內側、稱為淚點的兩個孔排至鼻腔。大量流淚時會流鼻涕，就是因為淚水通過鼻淚管後，從鼻子流了出來。

耳朵

耳子小姐

在耳鼻科工作的護士。略大的耳朵為其魅力所在。喜歡巨大聲響，興趣是在休假日參加重金屬樂團的現場演奏會。

收集、聆聽聲音，並維持身體的平衡

一般所說的耳朵是指耳殼的部分，是收集聲音的地方，只是耳朵的一小部分。耳朵可大致區分為3部分，由外而內分別為外耳、中耳與內耳，最複雜的是位於深處的內耳，負責聆聽聲音並取得平衡的任務。

耳殼所收集的聲音震動會以接力的形式逐步傳遞，從外耳傳至中耳與內耳，在內耳的耳蝸進行辨別。

首先，外耳耳殼所捕捉到的聲音震動會通過外耳道。鼓膜位於外耳與中耳的交界處，會因應聲音的大小或高低產生震動，傳遞至由3塊小型骨組成的聽小骨。聽小骨的震動會進一步傳至位於內耳的螺旋管「耳蝸」。此處有辨識聲音的感覺細胞。該管道內的淋巴液會晃動而刺激了感覺細胞，聲音就此傳遞至大腦。順帶一提，我們之所以會有一對耳朵，左右各一，是為了讓聲音分別傳至兩邊耳朵時產生微妙的時間差，藉此來分辨聲音的方向。

耳朵除了匯集並聆聽聲音外，還有平衡器官的作用，用以維持身體的平衡。由耳蝸隔壁的三半規管與前庭這兩個器官來執行。靠三半規管與前庭所感受到的訊息會通過神經傳遞至大腦皮質的體感覺區，腦部便會針對身體各器官發出指令來取得平衡。

順帶一提，搭飛機而高度上升時，或在高樓大廈的電梯中，耳朵有時會一陣刺痛而暫時聽不太到聲音。這是因為施加於耳朵內側與外側的氣壓產生了差異，鼓膜被往氣壓較大的那側壓而暫時無法順利震動。

鼻子

花子妹妹

朝天鼻配上圓臉，是相當可愛的女孩子。鼻道暢通，所以唱功一流。將來的夢想是成為偶像，透過歌聲讓人們幸福。

作為空氣的通道並負責嗅覺的感覺器官

鼻子是用來攝入空氣的呼吸器官，也是用來嗅聞氣味的嗅覺器官。此外，有了鼻子，還可以發出更美妙的聲音。鼻孔稱為外鼻孔，鼻腔在其內部延展開來，還被中央一道名為鼻中膈的壁層隔成左右兩邊，另由名為上、中、下鼻甲的皺襞劃分為上、中、下鼻道3區。鼻腔被一層血管密集且有纖毛的黏膜覆蓋，可加溫並加濕吸入的空氣、吸附或除去灰塵與微生物等，藉此守護身體。

位於鼻腔上部的嗅覺器負責感受氣味。該處有大量嗅覺細胞，可感知混在空氣中的氣味分子。該刺激會通過神經傳遞至大腦皮質。嗅覺細胞可感受到7種基本氣味，即樟腦味、麝香味、花卉味、薄荷味、乙醚味、辛辣味與腐腥味。大腦會透過這些的組合或比例來判斷氣味。狗的嗅覺細胞多達1億～2億個，人類卻只有500萬個，但據說可以識別3000～1萬種氣味。

此外，嗅覺和味覺也有關聯。味覺與嗅覺的感覺訊息會在大腦整合為一，產生風味認知。沒有嗅覺也能感受到鹹味、苦味、甜味與酸味等味覺，但若要品嚐風味，則必須結合味覺與嗅覺兩種認知。

一般認為，嗅覺會從40多歲開始退化，但每個人的差異甚大，通常是女性較為敏感。

一旦嗅覺退化，就會難以分辨風味，食慾會因而減退。過敏性鼻炎是與鼻子相關的主要疾病之一。如有必要，可服用抗過敏藥物來治療，但要在症狀變嚴重前服用比較有效。

牙齒

負責咬碎食物，消化的起點

牙齒是消化的第一步，負責咬碎食物並磨細。牙齒有乳牙與恆牙兩種類型。乳牙是從出生後8個月左右開始長出來，直到2～3歲會長齊，一共約20顆牙。10～11歲左右會從乳牙替換成恆牙，成人共有28～32顆牙。

牙齒是由從牙齦露出來的牙冠與隱藏的牙根所構成。牙冠由堅硬的琺瑯質所包覆，可以咬碎各種東西。咀嚼時，會透過健康的牙齒施加與人類體重相當、差不多50～90kg的負載。

一般認為充分咀嚼是很重要的，此舉不僅有助於消化、減輕腸胃的負擔，還可讓下頜更發達，齒列也較為整齊。更有甚者，還能透過咀嚼的刺激來改善腦部的血流，有活化腦部的作用。一旦養成不太吃硬物且吃太快的習慣，下頜會變細窄，齒列也會不整。這種習慣若持續較長時間，有時還會造成頭痛或肩膀痠痛。

蛀牙肇因於一種名為轉糖鏈球菌的細菌。此菌會讓附著在牙齒上的食物殘渣發酵，產生強勁的酸並腐蝕牙齒。會在人與人之間傳染，所以父母等最好避免經嘴傳染給嬰兒。

蛀牙的病原菌增加也會引發牙周病。此外，據說糖尿病等生活習慣病也會造成牙周病。

牙太郎

以一口潔白牙齒為傲的美男子。與人說話時會靠很近而讓女性怦然心動，但其實只是想展示自豪的牙齒罷了。

另一方面，也有說法指出，牙周病說不定是動脈硬化等的原因之一。為了全身健康著想，透過刷牙等來留意口腔健康可謂至關重要。

舌頭

咬子小姐

興趣是四處尋求美食的美食家OL。已經吃遍公司附近的餐廳，所以會跑到隔壁車站一帶去吃午餐。

味蕾中的味覺細胞可感受並區分5種基本味道

舌頭是一塊柔軟肌肉的集合體，由內舌肌（呈束且縱橫走向的橫紋肌所形成）與外舌肌（連接周邊骨頭）所構成。作用在於讓牙齒咬碎的食物與唾液混合並送入食道。舌頭深處的會厭會在吞嚥食物時蓋住氣管，以免食物進入氣管內。此外，人在說話時，舌頭會隨著嘴唇做出複雜的型態變化，有輔助發音的作用。

舌頭所接收的味道有5種類型，即鹹味、甜味、苦味、酸味與鮮味，統稱為基本五味，味覺便是由其組合而成。舌頭表面有無數顆粒狀的突起物，稱為舌乳頭，又區分為4類，即蕈狀乳頭、絲狀乳頭、葉狀乳頭與輪廓乳頭。絲狀乳頭以外的舌乳頭上有著名為味蕾的感應器，呈花苞狀且可感受味道，整個舌頭上約有1萬個。溶解於唾液或水中的食物分子會進入味覺細胞（味蕾中的味道感受器），通過神經將訊息送至大腦。每個味覺細胞都只能感知到基本5味的其中1種，而味蕾上有20～30個味覺細胞聚集，因此可以感受所有味道。

味覺容易受到視覺、嗅覺、舌頭觸感與溫度等的影響，彼此密切相關。我們在黑暗中吃東西，或是感冒而鼻塞等時候，會吃不太出味道，便是這個緣故。此外，味覺也會

※天國拉麵　※地獄拉麵

地獄ラーメン
天国ラーメン
我最愛吃辣了～！
哈呼哈呼
簌簌簌簌
舌頭味蕾的味覺細胞可以感受到甜味、苦味、酸味、鹹味與鮮味。
那辣味是從哪裡感受？
呼～好辣！
辣味是一種痛覺，這代表惠子小姐妳比較遲鈍吧。
太沒禮貌了吧！我可是能用舌頭打結櫻桃梗呢！
妳看！
真靈活啊……
呃——

＊一般認定辣味有別於基本五味，在生理學上歸類為痛覺。

因為身體狀況而產生莫大變化。味覺障礙亦為預告糖尿病、腎功能障礙、肝功能異常等疾病的徵兆。

皮膚

守護身體免受外部刺激並負責調節體溫的多功能器官

膚子小姐

任職於百貨公司，為化妝品公司美容部的成員。是極其狂熱的美容迷，以完美無瑕的雪白肌膚為傲。過於在意紫外線，外出時都會蒙面。

覆蓋身體表面的皮膚不僅會保護身體免受外部刺激，還可感知寒暑，作用於下視丘來調節體溫。

皮膚是由三層所構成，分別為表皮、真皮與皮下組織。表皮的作用在於防止異物入侵，守護皮膚內的神經與血管。表皮的角質層會進行細胞分裂，以約28天為周期進行再生，不斷產生新的細胞。位於基底層的黑素細胞一旦照射到紫外線，就會產生黑色素，保護身體免受紫外線傷害。此層含有汗腺與皮脂腺，可調節體溫並維持皮膚與頭髮的潤澤。真皮則是由含有蛋白質的膠原蛋白纖維所組成，是呈網狀的強韌組織。此層內含皮脂、汗的分泌腺與包覆毛根的毛囊，肩負從血管運送營養至表皮的任務。有神經通過，感受疼痛、觸感與溫度來進行皮膚的保溫與保濕。皮下組織中充滿皮下脂肪，可緩和外來的刺激，連接皮膚與其下方的器官並儲存能量。

對皮膚來說，照射過多紫外線會造成莫大傷害。紫外線中的A波含有大量光能，B波則具有強大的能量，會入侵皮膚並傷害細胞與纖維。尤其是B波，曬傷時會引發紅腫或發炎等肌膚問題，還有對細胞造成傷害而使免疫力下降、損害基因而併發皮膚癌的疑慮。更有甚者，一旦被眼睛吸收，還會增加白內障的風險。另一方面，一般認為A波與斑點或皺紋的產生大有關係。有則說法指出，A波的波長比B波還要長，所以有可能穿透至皮膚深處，造成慢性變化。

除此之外，表皮與真皮也會隨著老化而變薄，神經末梢的數量會減少，對疼痛、溫度與壓力的感受性變得遲鈍，甚至出現皺紋、斑點與鬆弛等。

紫外線也有好處？

紫外線是一種有害的光成分，會對肌膚造成傷害、使免疫力下降、引發皮膚癌，甚至會造成白內障，但對人體也有好的影響，即維生素D的產生。維生素D是維持骨頭健康不可或缺的成分，如果長時間未照射陽光，骨質疏鬆症等風險會提高。然而，人體所需量極少，1天曬曬手背10～20分鐘左右就足夠了。

形成皺紋的機制

當真皮層中的彈性蛋白纖維減少且膠原蛋白纖維失去彈性，
便無法保留充足的水分而導致皺紋或鬆弛。

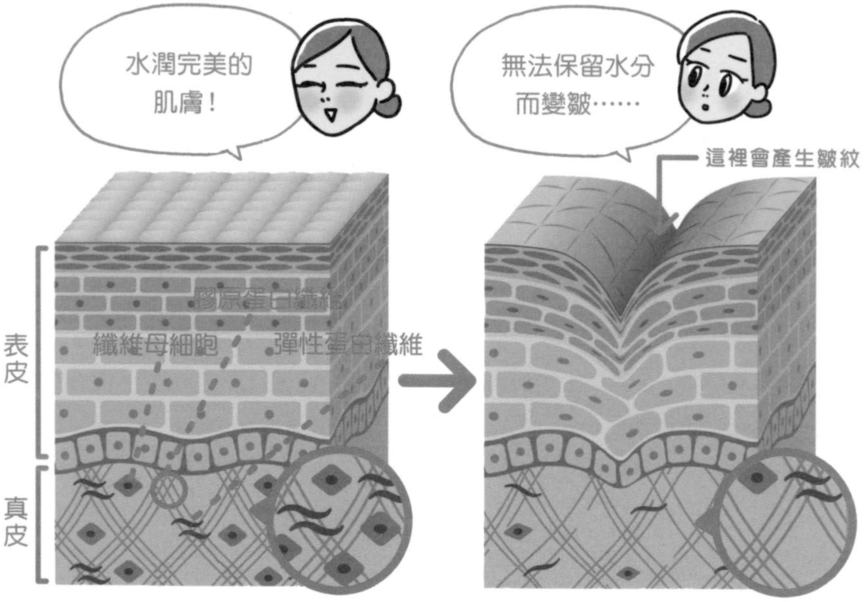

防曬中的SPF與PA為何意？

SPF是以數值來表示防禦紫外線B波的能力。是一種對比於素顏，能讓肌膚曬傷時間往後延長多久的判斷基準，若標示2即意味著2倍時間。PA有防禦A波的效果，以符號＋來表示3個等級。
兩者皆是數字愈大，對肌膚的負擔就愈大，所以視情況來選擇係數十分重要。

長毛的目的為何？

頭髮與體毛是出於什麼用途而生的呢？眾所周知，這些毛髮有緩衝的作用，可以守護頭部與性器等重要部位，但不僅止於此。
體毛也有將鎘、鉛、水銀等積蓄於體內的有害物質排至體外的作用。

對抗皺紋與鬆弛要從內側著手而非外側

皺紋與鬆弛是與老化相關的煩惱之一。其原因基本上在於真皮層。

膠原蛋白纖維為真皮層的重要元素，由膠原蛋白所形成，幾乎無伸縮性，作為強韌的骨架來支撐肌膚的張力。另一種彈性纖維則是由名為彈性蛋白的蛋白質所組成，可如橡膠般伸縮，讓皮膚豐滿有彈性。然而，膠原蛋白與彈性蛋白會隨著年齡而減少，肌膚就此逐漸鬆弛且失去彈性。

膠原蛋白與彈性蛋白皆為蛋白質，即使塗抹在皮膚上也無法滲透，食用也無法直接吸收。因此，抗老對策的關鍵在於從內部來改善。膠原蛋白與彈性蛋白是以胺基酸為材料，並借維生素之力在體內合成而成。含有各種胺基酸與維生素類的均衡飲食至關重要。此外，改善皮膚的血流來提高代謝也是有效的。

皮膚血流不暢、紫外線、抽菸等的影響，都是加速皮膚老化的因素。紫外線或抽菸都會破壞膠原蛋白且增加黑色素，所以必須格外留意。

皮膚再生的機制

在表皮基底層中產生的細胞會一邊改變形狀一邊被推擠至表面，形成汙垢並自然而然地脫落。

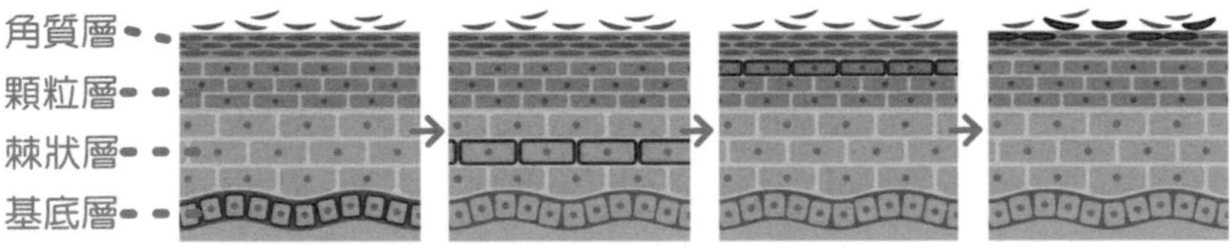

斑點增加的原因在於紫外線與各種刺激

膚色是取決於表皮層的黑色素數量與流經真皮層的血液顏色。黑素細胞散布於表皮層的最下方。太陽光線中含有對皮膚有害的紫外線，黑色素會阻斷這種光線，發揮守護皮膚的作用。當皮膚暴露在強烈的日曬中，會產生大量黑色素以保護皮膚，導致膚色變黑且曬傷。

眼睛周圍之所以會形成許多斑點，是為了保護眼睛免受紫外線傷害，而使眼周皮膚中的黑色素增加。除了紫外線外，懷孕、壓力、過度洗臉與化妝等刺激也會造成斑點。

黑色素會隨著時間推移而被分解，或與表皮細胞一起化為汙垢。當這種平衡崩潰時，黑色素就會沉澱而形成斑點。隨著年紀增長，氧化的脂肪會增加有別於黑色素的另一種黃褐色素，使皮膚產生黃斑。維生素E與C可防止這些色素增加，但是從皮膚來吸收是有限的，不妨透過飲食攝取營養，從內美到外。

此外，皮膚暗沉與真皮層的顏色也有關係。尤其是眼睛下方的皮膚較薄，一旦血液循環不佳，真皮層的暗色血管的顏色就會很明顯。如果是飽含氧氣的血液流過，則會轉為漂亮的膚色。

第8章

肌肉骨骼系統

「骨頭與肌肉」

骨頭

塑造出全身的外形，守護內臟並製造血液

骨骼即為骨架，人類的骨骼是由200多塊骨頭所構成，支撐著全身。可分類為顱骨、肋骨、胸骨、脊柱、上肢骨與下肢骨等，分別由多塊骨頭所構成。

骨頭與骨頭之間是透過關節相連。所謂的關節則是由兩塊或更多骨頭連結而成的部位。關節大多是指肩關節、膝關節、髖關節等可以活動的可動關節，但也有像顱骨等幾乎無法活動的關節。骨頭的連結中，可活動的稱為可動連結，無法活動的則為不動連結。不動連結又分為3類，分別為骨連結、纖維連結與軟骨連結。

骨頭大致上有4種重要的作用。第一個作用是支撐身體並維持姿勢。骨頭以外的身體組織都很柔軟，所以少了骨頭就無法維持外形。第二個作用是守護臟器。腦部是由顱骨保護，心臟、肺臟與大血管是由胸廓保護，膀胱與女性的子宮等則受到骨盆的嚴密保護。第三個作用是造血。骨頭的中心有海綿狀組織，該處充滿紅色的膠狀骨髓，是製造血液的來源。位於骨頭中心的組織不僅會造血，還有助於提高骨頭強度並達到輕量化。第四個作用是調整血液中的鈣濃度。鈣在肌肉收縮、神經傳導與細胞分裂等生命的維持上是不可或缺的物質，須透過骨吸收與骨形成的代謝

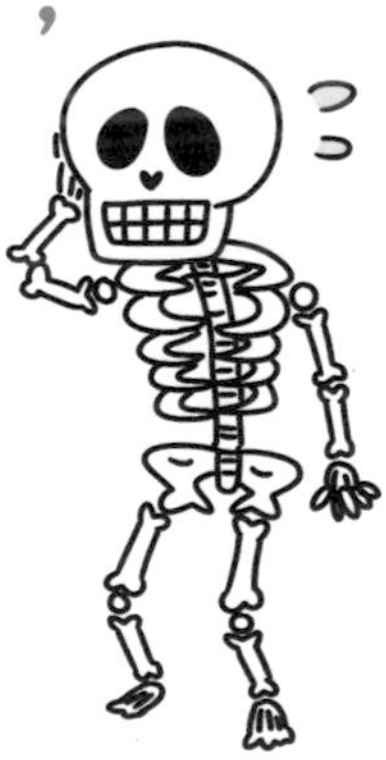

骸骨君

靈魂寄宿於小學骨骼標本上的骸骨男。不知何故，孩子們都以綽號「鈴木先生」來稱呼他。

來取得血液中鈣濃度的平衡。

透過運動與鈣質攝取來強健骨骼

骨骼會因應身體的發育而成長。有打造骨頭的成骨細胞與破壞骨頭的破骨細胞，透過這兩種類型的細胞讓骨骼持續製造、換新。受精卵在母體肚中開始發育並經過7週左右後，便會產生最終將會化為骨頭的軟骨母細胞。這種細胞會持續成長，在嬰兒誕生時，骨頭還是軟的，但會隨著成長而逐漸變硬。

骨骼會經常製造換新，以求在受力的方向變得更強韌，因此運動是強健骨骼的基本。此外，鈣是涉及細胞活動與體內各種反應的重要電解質，一旦鈣質不足，骨骼就會變脆弱。透過飲食來攝取鈣質是必要的，但是單獨攝取的吸收率不太好。關鍵在於借助維生素D的作用，讓鈣更容易為小腸所吸收。當皮膚接觸到紫外線，就會從膽固醇中產生維生素D，所以適度照射陽光也是必要的。

此外，女性停經後，雌激素的分泌會減少，所以會有骨質衰退的傾向。為了維持骨骼強健，最好適度運動並留心鈣質的攝取。

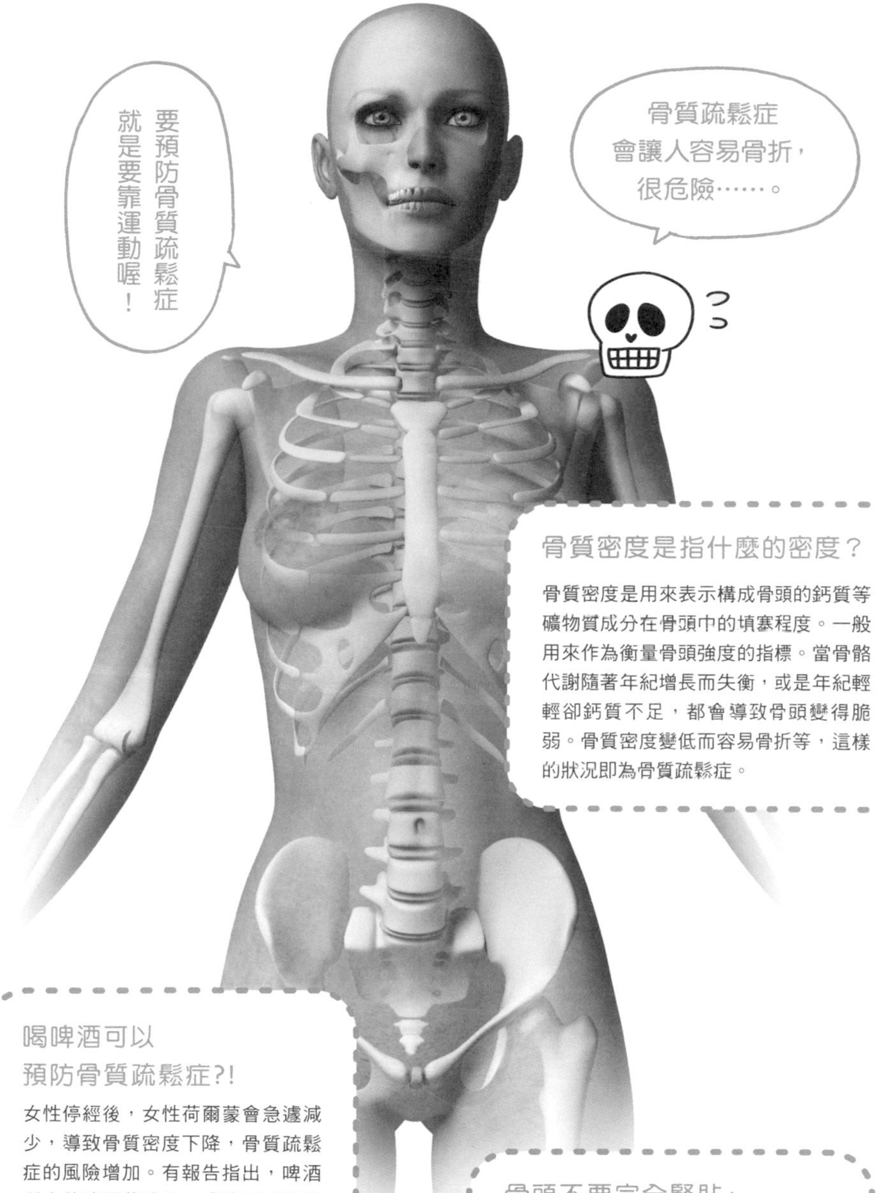
要預防骨質疏鬆症
就是要靠運動喔！
骨質疏鬆症
會讓人容易骨折，
很危險……。

骨質密度是指什麼的密度？

骨質密度是用來表示構成骨頭的鈣質等礦物質成分在骨頭中的填塞程度。一般用來作為衡量骨頭強度的指標。當骨骼代謝隨著年紀增長而失衡，或是年紀輕輕卻鈣質不足，都會導致骨頭變得脆弱。骨質密度變低而容易骨折等，這樣的狀況即為骨質疏鬆症。

喝啤酒可以預防骨質疏鬆症?!

女性停經後，女性荷爾蒙會急遽減少，導致骨質密度下降，骨質疏鬆症的風險增加。有報告指出，啤酒所含的啤酒花成分，或許可以降低骨質疏鬆症的風險。然而，此理論目前尚在動物實驗階段，所以要留意別飲酒過度！

骨頭不要完全緊貼，骨折會癒合得比較好

據說在骨折部位預留些許的縫隙，有助於傷處較快癒合。施加在縫隙上的壓力會形成恰到好處的刺激，促使骨頭再生更為活躍。

腰痛可能有各式各樣的原因

有很多人為腰痛所苦，但原因不限於一種。因為一點突發狀況引發一陣劇痛，導致腰部動彈不得，就連這種閃到腰的情況都有好幾種原因。腰痛時，務必先確認是否為內臟、血管或癌症等所引起的疼痛。如果身體不動也會痛、夜間發疼，或是遲遲未癒而惡化等，若有這樣的症狀，最好到醫院做檢查。即使排除了內臟疾病的疑慮，腰痛的原因還是很多樣，可能是肌肉、筋膜、骨頭、關節、神經等，有些案例則是這些因素交互影響所致。如果原因出在肌肉或筋膜上，應在不勉強的範圍內一點一點地移動。據說活動可以改善血液循環而較快痊癒。

此外，腰痛有時候是因為骨頭、關節或腰椎椎間盤突出症等導致神經壓迫，若問題出在骨頭或關節，疼痛劇烈時，必須好好靜養。上下疊合的椎骨之間有若干個小關節，有時是這些部位受到損傷所致。若是腰椎椎間盤突出症所引起的疼痛，則是椎間盤往外突出而壓迫到脊髓神經根部時造成的。遭到壓迫的感覺神經部位會疼痛，若是壓迫到坐骨神經，疼痛就不僅限於腰部，還會延伸至下肢。

Check point

椎間盤突出症

此疾病是因為脊椎的椎骨與椎骨之間有髓核向外突出，壓迫了神經而產生疼痛。

Column

膝蓋疼痛

膝關節是承受身體最大負重的複雜關節，由股骨、脛骨與髕骨3塊骨頭所構成，股四頭肌的肌腱聚集於此，固定在髕骨與其下方的脛骨上。此外，有一塊名為半月板的軟骨墊附著在關節內部，為的是調整複雜的動作並吸收衝擊。甚至還透過多條韌帶來補強關節囊的外側，使其更為牢固，而關節中還有前、後十字韌帶來維持動作。雖然一律統稱為膝蓋疼痛，卻有可能是這些部位分別出了狀況，必須逐一檢查膝蓋何處有問題。

如果是退化性膝關節炎，會有膝蓋腫脹疼痛、膝蓋無法伸直、移動時會發出咔嚓咔嚓聲等症狀。此外，水也會積聚在膝蓋處。體重增加會增加膝蓋的負擔，容易演變成退化性膝關節炎，所以最好留意肥胖問題。最重要的是，必須鍛鍊伸展膝蓋的股四頭肌。鍛鍊膝關節周遭的肌肉可以減緩症狀。水中步行或騎自行車也是有益於膝蓋的運動。

肌肉

肌肉男

對肌肉訓練十分狂熱的上班族。一有機會就撕破西裝，所以有治裝費提高的煩惱。

透過3種強韌的肌肉來活動人體

肌肉可分為骨骼肌、平滑肌與心肌3種類型。如文字所示，骨骼肌是附著在骨頭上，是由粗、細肌肉兩種類型的纖維狀肌肉細胞匯集而成的肌肉。透過肌肉收縮與鬆弛來活動骨頭，進而產生身體的運動。骨骼肌是可以憑自己的意志移動的隨意肌。打造內臟等壁層的平滑肌則是由自律神經與荷爾蒙所控制，會以比骨骼肌更緩慢的速度持續收縮，是無法依自己的意志移動的非隨意肌。驅動心臟的心肌也是非隨意肌，會片刻不休地進行收縮運動，心臟才得以持續跳動。

骨骼肌的內部是由細繩狀肌肉聚集成束所形成。這種肌肉即稱為肌纖維（肌肉細胞）。這種肌纖維又分為慢縮肌（紅肌）與快縮肌（白肌）兩種類型。**紅肌可以用少許能量長時間運動，白肌則是透過大量能量進行瞬間收縮而具備爆發力**。

肌肉是利用肌肉細胞內一種名為三磷酸腺苷（ATP）的物質被分解時所產生的能量來進行收縮。然而，肌肉內只有少量的ATP，每次使用時都必須立即生產。這時便會運用碳水化合物（醣類），不僅如此，還運用到肌肉與肝臟內的肝醣。分解肝醣時所形成的老廢物質即為乳酸。當乳酸堆積時，血液與組織會偏向酸性，細胞的活動力下降，因而感到疲勞。乳酸會隨著時間的推移而被血液運送並清除，不過若是在血液循環不佳的情況下，便很難消除疲勞。血液循環不良會導致肩膀痠痛，就是因為堆積的乳酸在刺激肌肉裡的痛覺神經。

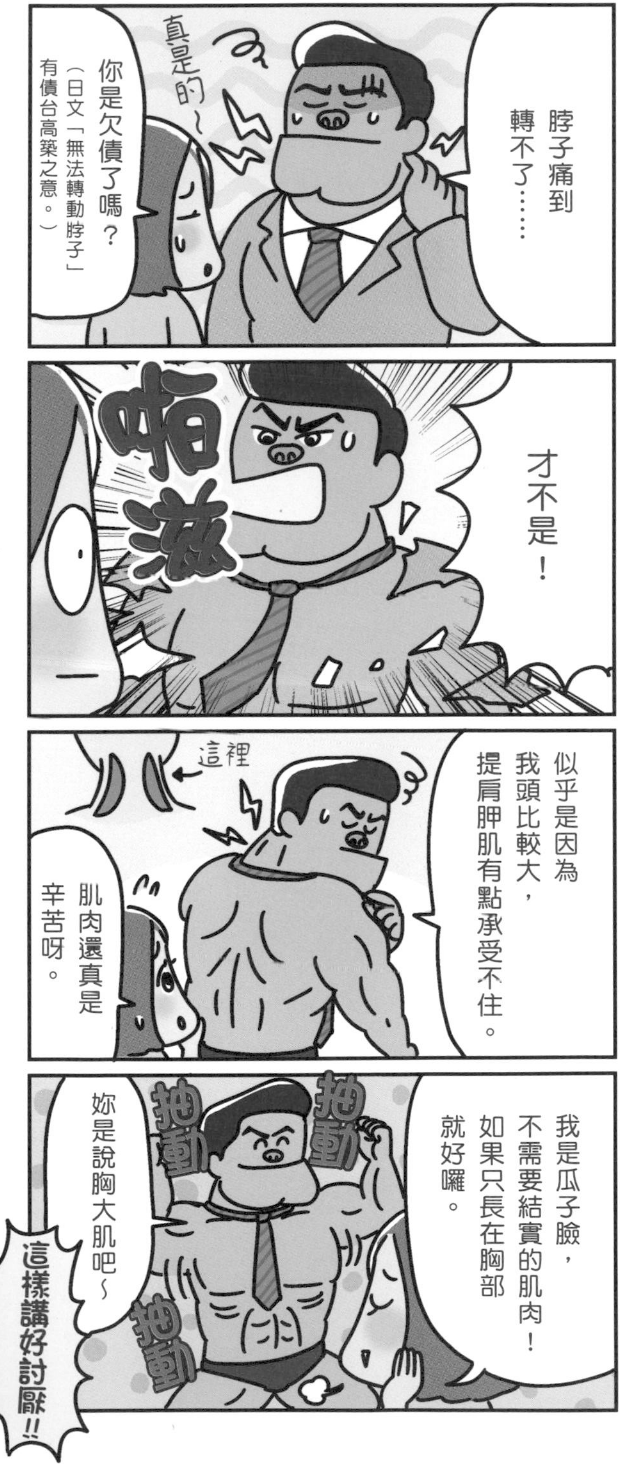

較具代表性的表層肌肉

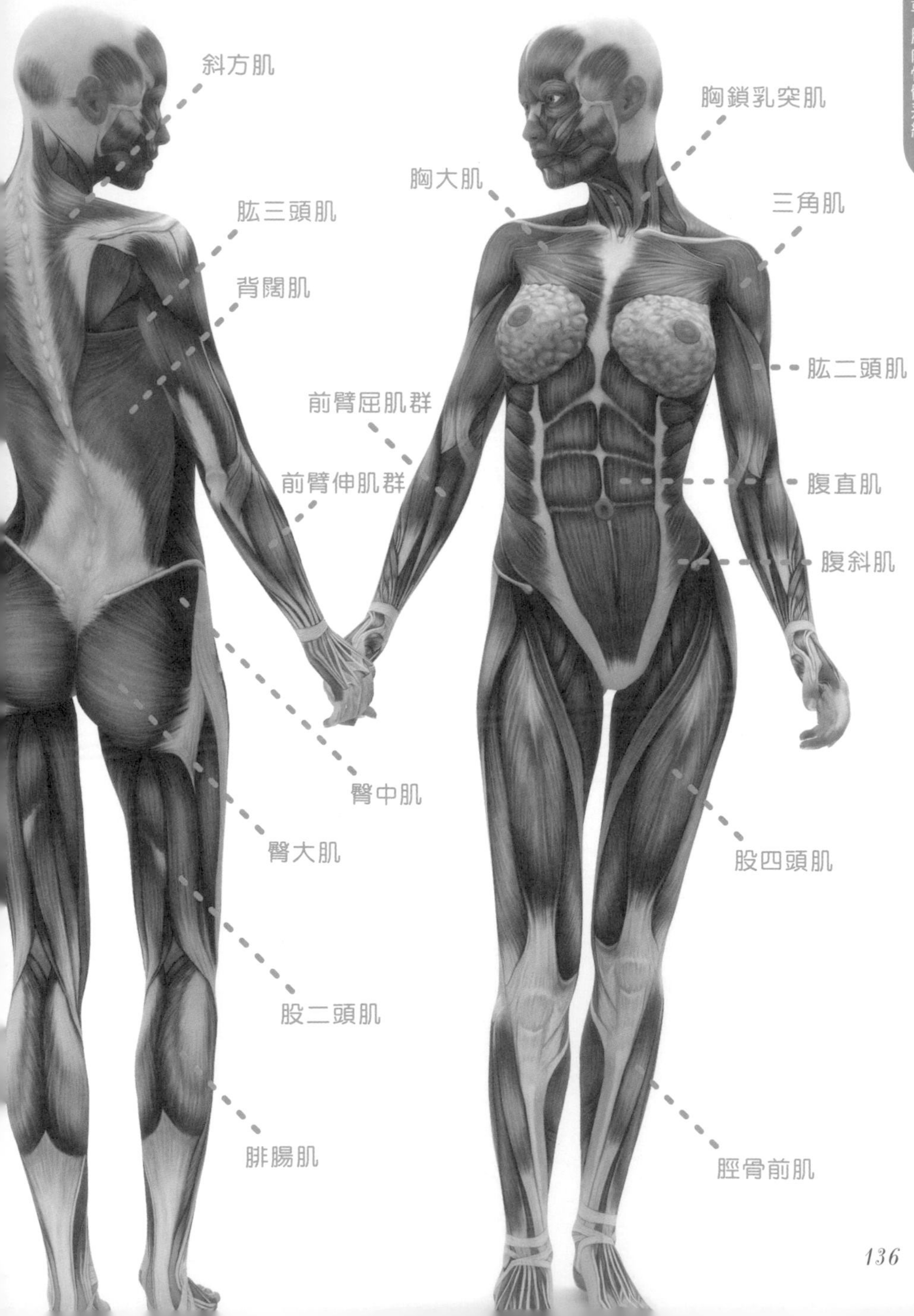
斜方肌
肱三頭肌
背闊肌
前臂屈肌群
前臂伸肌群
臀中肌
臀大肌
股二頭肌
腓腸肌
胸鎖乳突肌
胸大肌
三角肌
肱二頭肌
腹直肌
腹斜肌
股四頭肌
脛骨前肌

骨骼肌的形狀與類型十分豐富

肌肉塑造了臉部表情、指尖的細微動作與全身的動態動作，在身體各處發揮著作用。骨骼肌是肌肉的一種類型，如文字所示，是附著在骨骼上的肌肉，遍布全身且形成多層狀，上面為皮膚所覆蓋。骨骼肌可以透過反覆活動使其伸縮來加以鍛鍊。肌肉一旦變強壯，便可承受比以前更重的東西、提升運動能力，還可打造出不易受傷或生病的身體。

骨骼肌有各式各樣的形狀，彼此組合起來，在身體各部位發揮著作用。紡錘狀肌為基本形狀。有2個肌頭的稱為二頭肌，有3個則為三頭肌。多腹肌是由3條以上的肌鍵分隔的肌腹。鋸肌則是肌肉靠近身體中心的部位呈鋸齒狀延展開來。

廣布於胸部的胸大肌、上肢與下肢可看到大量紡錘狀肌。最具代表性的多腹肌是在鍛鍊腹肌時會浮現的腹直肌。鋸肌則可見於胸大肌下方一帶的前鋸肌。最近連身體表面看不到的深層肌肉「Inner Muscle」也備受矚目。

Check point

淺層肌肉與深層肌肉

所謂的淺層肌肉（Outer Muscle），又稱為表層肌肉，是附著在皮膚正下方的肌肉。有使出龐大力量或移動關節的作用。而所謂的深層肌肉（Inner Muscle），是附著在身體深處或接近骨頭部位的肌肉，有微調關節動作、維持姿勢與保持平衡的作用。

本想瘦身卻因為肌肉減少反而胖了?!

近年來，減醣瘦身法熱掀話題。這是一種減肥法，力求減少或是極力避免攝取米飯或麵包等含醣的碳水化合物、含醣量高的酒精或點心等食物。

體脂肪可說是肥胖的原因，以中性脂肪的形式積存於體內，攝取過多醣類時，中性脂肪容易增加。體脂肪是醣類與脂質混合而成，所以醣類攝取過量便會形成體脂肪。

醣類是最早轉換成能量的營養素，一旦停止攝入，人體便會試圖燃燒原本積存於體內的醣類來補給能量。然而，體內只積存了微量的醣類，所以會轉而分解積蓄於體內的蛋白質，以此來製造新的醣類。體內所積蓄的蛋白質大多存於肌肉內，所以容易導致肌肉流失。

問題是，一旦肌肉減少，就很難瘦下來，還有復胖的疑慮。肌肉占了基礎代謝量的約20%，所以當肌肉減少時，基礎代謝量與卡路里消耗量會下降，致使瘦身更為困難。此外，對內臟的負擔也會變大。肝臟會從蛋白質中重新製造醣類，而腎臟必須過濾蛋白質作為能量使用後所排出的尿素與氮，會對這兩大內臟造成負擔。

極端限制醣類或控制卡路里的瘦身法，或是不適合身體狀況的瘦身法，不僅會適得其反，還有可能損害健康，所以在醫師的指導下進行十分重要。

Column

肩膀痠痛

肩膀痠痛是指從脖子到肩膀的肌肉因緊繃而變僵硬的狀態。斜方肌與棘下肌是位於脖子與肩膀的肌肉，當其收縮時，通過此處的血管也會收縮，導致血液循環變差，也因此陷入能量供給不順的狀態。

人本來就是靠脖子來支撐重達約3kg的頭部，所以脖子與肩膀的肌肉很容易處於緊繃狀態。此外，若因長時間坐著辦公等而一直維持相同的姿勢，也很容易引起肩膀痠痛。肌肉一旦疲累就會產生疲勞物質，即乳酸，所以本來就必須好好休息以消除疲勞。然而，若無法緩和緊繃而慢性累積疲憊，就會造成肩膀痠痛。除此之外，精神上的緊繃或壓力導致血管或肌肉收縮，也是原因之一。

不僅限於身體，用眼過度也會導致肩膀痠痛。長時間持續看著電視或電腦等畫面，或是眼鏡度數不合，這些情況也會對眼睛造成負擔。肩膀痠痛的原因也往往是來自於眼睛的疲憊。

Column

小腿肚抽筋

小腿肚抽筋即位於小腿的腓腸肌發生痙攣的狀態。此外，脛骨前面外側有條脛骨前肌，廣義來說，這條肌肉發生痙攣亦可稱為小腿肚抽筋。一般認為是肌肉疲勞或寒冷等原因，導致肌肉的氧氣供給或乳酸等疲勞物質的排除不夠充分，致使肌肉發生突發性的異常收縮。至於小腿肚抽筋的應對方法，只要將腳趾往上拉，即可將正在收縮的小腿肚伸展開來，可減輕症狀與疼痛。此外，若是脛骨前肌抽筋，可以大力按壓位於膝蓋下方脛骨外側肌肉上的壓痛點。

面部表情肌與咀嚼肌

面部表情肌原本的作用是活動臉上的鼻子或嘴巴等，但是細部肌肉相互合作還可做出各種表情，故得此名。比方說，可以讓雙眼緊閉，還可讓嘴角上揚來做出開心的表情。面部表情肌皆為顏面神經所支配。此外，臉上除了面部表情肌外，還有活動骨頭的咀嚼肌。這些肌肉附著在下頷骨上，於咬合時活動下巴。不妨先記住，臉部肌肉含括了面部表情肌與咀嚼肌。

第9章

呼吸系統

「負責呼吸」

吸氣、吐氣，呼吸的機制

人類時時刻刻吸吐著氣息，而吸吐氣即稱為呼吸。「呼」是表示呼氣，該氣息稱為「呼息」；「吸」則是吸氣之意，該氣息稱為「吸息」。換言之，呼吸是一種呼息與吸息搭配成對的狀態。

吸氣的目的在於將空氣中的氧氣攝入體內。這是因為身體的細胞必須獲得能量才能運作。此外，吐氣是為了排出二氧化碳，因為二氧化碳若積存於體內，會帶來不良影響。

當成人在靜止狀態時，會以1分鐘大約15～20次的速度呼吸。1次呼吸所吸入的空氣量大約為400～500㎖，差不多是2杯份。

空氣是從外鼻孔（鼻孔）進入，經過鼻腔、咽頭與喉頭後進入氣管。氣管分為左右支氣管，與肺臟相接。支氣管末端有大量如葡萄般的囊袋，稱為肺泡，布滿微血管。氧氣與二氧化碳便是在此處進行交換。這條空氣的通道中，鼻子有鼻毛來防止異物入侵鼻腔，氣管與支氣管則會從壁層分泌出黏液來吸附髒汙，藉此避免髒空氣進入肺臟。壁層上的纖毛還會進一步將髒汙往咽頭方向運送，再化為痰加以排出。

透過呼吸所吸入或排出的氧氣與二氧化碳通常是以氣體的形式存在。然而，在身體內部卻是利用血液來運送這兩種氣體。以液體來運送氣體必須費些功夫。此時最為活躍的便是紅血球中一種名為血紅素的蛋白質。血紅素的特色在於能結合或釋出氧氣或二氧化碳。血紅素中溶有含鐵的色素，與氧氣結合後呈紅色，與二氧化碳結合則轉為紫色。動脈看起來是紅色，靜脈則偏紅黑色，便是血紅素的顏色所致。

惠子小姐是屬於現代人的細窄型下巴呢。我是古代人長期吃硬物而造就的四角形下巴。
很帥吧！
原來你鬍鬚下面的下巴長這樣啊……
惠子小姐好過分……
謝天謝地，我絕對不想要方形的下巴！
逼近
下巴太小的話，有時會罹患睡眠呼吸中止症*，睡覺時呼吸道會阻塞喔！
大怒!!
惠子小姐真的覺得那樣比較好嗎？
無法呼吸當然不行，但是粗壯的下巴更難以接受！

＊據說下巴較小或較細窄的人這條空氣的通道往往容易阻塞，也較容易罹患睡眠呼吸中止症（參照第106頁）。

肺臟

肺雙君

樂團的主唱，為了提升聲量而成功戒菸。一站上舞台就判若兩人，令女粉絲如癡如醉。

攝入空氣後，氧氣與二氧化碳進行氣體交換的地方

肺臟位於脊椎、肋骨與胸骨環繞的胸廓之中，位置就在橫膈膜上方。分為右肺與左肺，相對於右肺可分為上葉、中葉與下葉3個部分，左肺則只有上葉與下葉。心臟位於左肺附近，所以左肺稍微小於右肺。

肺臟的主要作用在於通過氣管來攝入空氣，把氧氣轉給從心臟送來的血液，並接收二氧化碳作為交換，將其排出體外。氧氣與二氧化碳是在與支氣管末端部位相連的肺泡進行交換。

肺臟本身沒有肌肉，不會自行收縮，而是透過四周骨骼肌與橫膈膜等肌肉的收縮來帶動胸廓的伸展與收縮，肺臟會隨著胸廓移動來輸送空氣。胸式呼吸法與腹式呼吸法則因為活動部位的肌肉不同而有些差異。胸式呼吸法使用的是肋骨與肋骨之間的肋間肌，主要是在日常生活中或激烈運動後等時候採行這種呼吸法。相對於此，腹式呼吸法使用的是橫膈膜。吸氣時，橫膈膜會收縮，胸部會擴張。反之，吐氣時，橫膈膜會鬆弛，胸部則變窄。

當肌力隨著老化而減弱，橫膈膜與肋間肌的作用也會下降，有時呼吸會變得不順暢。

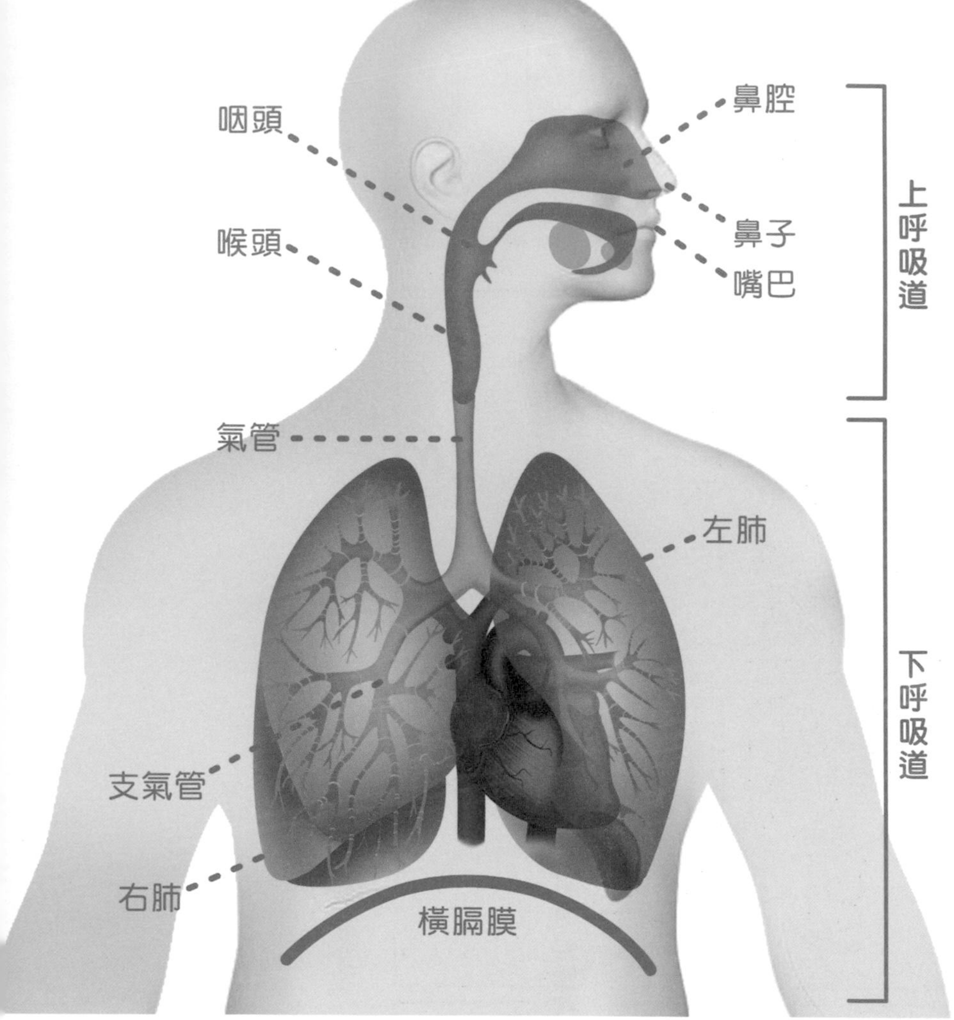

肺臟會因為抽菸而變黑是真的嗎？

為了表示香菸的危害性，人們經常會拿粉紅色的乾淨肺臟與漆黑的骯髒肺臟做比較，但實際上，肺臟變黑與香菸之間的關聯性目前似乎還不明朗。不僅限於香菸，據說吸入汽車排放的廢氣或工廠的煙霧等，肺臟也會變黑。即便是不抽菸的人，肺臟似乎也會隨著年紀增長而某程度變黑。

呼吸相關問題的應對方式

人在緊張或興奮時呼吸急促，有時手腳等身體會發麻，嚴重時甚至會倒下且往後反折，呈蝦子般的狀態。此稱為過度換氣症候群。這是因為過度吐氣導致血液中的二氧化碳大減，正常時呈弱鹼性的血液會趨於鹼性，陷入鹼中毒的狀態。以前常採取紙袋法等，即以紙袋等貼著嘴巴來吸取吐出的空氣，但也有反而吸入過多二氧化碳的風險，所以現在不建議採行此法。只要讓呼吸緩和下來，不疾不徐地反覆深呼吸，症狀就會逐漸消退。

哮喘是另一種引發呼吸困難的疾病，會導致支氣管暫時變窄而令人吐氣困難。若在睡覺時哮喘發作，必須立刻抬起上半身，便於橫膈膜下降而可輕鬆進行腹式呼吸。此外，噘起嘴巴慢慢吐氣，這樣呼吸有助於攝入新鮮的空氣。

打嗝是橫膈膜或與呼吸相關的肌肉發生痙攣所致。其機制尚不明朗，但是在胃脹、因胃擴張而刺激到橫膈膜，或是支配橫膈膜運動的橫膈神經受到刺激時，便會引起打嗝。每隔十幾秒就會痙攣一次。要想停止打嗝，有反覆深呼吸、分數次飲用冷水，或是拍打背部等方法。

喉嚨
順暢切換通道，讓食物與空氣分流

一般來說，稱為喉嚨的部位又分為咽頭（從鼻子深處至氣管入口處）與喉頭兩個部分。咽頭為空氣與食物的通道，喉頭則相當於喉結部位。

咽頭可分為上咽頭、中咽頭與下咽頭3個部位。上咽頭為鼻子末端部位，吸入的空氣通過上咽頭後，會送至喉頭與氣管。中咽頭是位於口腔深處的部位，為空氣與食物雙方的通道。除此之外，在吞嚥（吞下食物的動作）或說話時的發音上，還能發揮輔助作用。中咽頭中有個部分是由上顎深處一塊名為軟顎的肌肉所構成。呼吸時會鬆弛以確保呼吸道暢通，吞下食物時則會封住喉嚨後方以防止食物逆流至鼻子。位於喉頭上方部位的會厭也有與此類似的作用：在食物通過時封住氣管入口，呼吸時則往上升以確保呼吸道暢通。下咽頭則是與氣管、食道相接的部位，緊接喉頭旁邊內側，將食物送往食道。

喉頭為通往氣管的入口部位，聲帶也位在此處。聲帶是從咽頭左右壁層突出來的2片皺襞，其機制是：聲帶中間在呼吸時會敞開，發聲時則閉合。咽頭的黏膜在咳嗽反應上十分發達，一有異物入侵就會試著透過咳嗽加

喉美女士

演歌界的泰斗。如今已退出第一線，除了偶爾舉辦演唱會外，也會開辦卡拉OK課程。

以排除。

此外，喉嚨裡還有扁桃體，具有防禦外部細菌的功能。扁桃體是由淋巴組織聚集而成。尤其是在孩童時期，細菌入侵就容易引發扁桃體發炎而成為一種刺激，促使身體製造出針對該細菌的抗體，並釋放至全身。

肌肉的張力鬆弛並震動所發出的鼾聲

上顎深處有塊柔軟的部位稱為軟顎，在睡眠中或失去意識時，其肌肉的張力鬆弛，軟顎便會隨著每次呼吸而震動，發出的聲音即為鼾聲。人在醒著的時候，軟顎會為了切換食道與氣管而緊繃，但肌肉的張力在睡眠期間會鬆弛。任何人都有可能打鼾，只是程度不一。此外，疲憊而睡著後，喉嚨深處的懸雍垂也會放鬆，而落入喉嚨深處。有時空氣的通道會因而變窄，導致懸雍垂震動而打鼾。若張著嘴入睡，會有大量空氣流入狹窄的通道，震動變得劇烈，鼾聲也變大。

肥胖者、軟顎較大者、下巴較小者、因鼻塞等而以口呼吸者等，都很容易打鼾。這是因為呼吸時，空氣的流通變差所致。如果是有一定高度的枕頭，或是枕頭的位置不佳，空氣的通道會變得更窄。因此，換成較低的枕頭，或是側臥入睡，通道會變寬而呼吸變輕鬆，軟顎的震動就會變小。如果只是輕微打鼾，可以重新審視生活習慣與飲食，減輕體重或規律生活皆有助於改善。

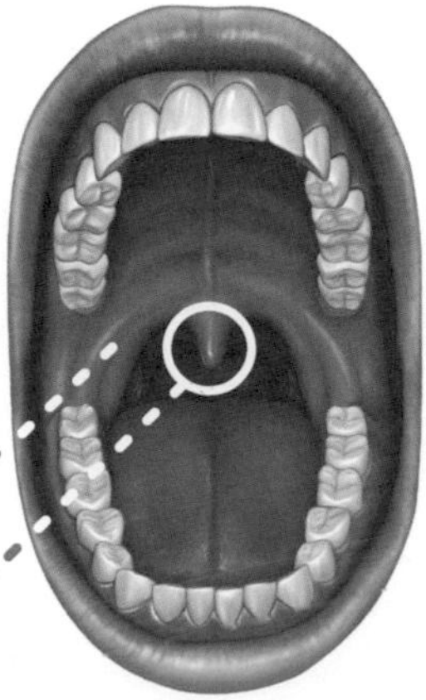

Column

唱歌是練習就能愈唱愈好嗎？

據說音痴大致有兩種原因。有一種音痴是因為耳朵，這類人無法正確掌握音高，導致無法發出正確的音。另一種音痴的問題則在於喉嚨，儘管可以正確聽取音高，卻無法順暢運用喉嚨而發不出正確的音高。

若是後者，透過大量練唱來鍛鍊喉嚨的肌肉，或許便可以愈唱愈好。

聲帶上有肌肉纖維，其走向是從前後斜向交叉縱橫。在日常會話中幾乎用不到這些肌肉，但在控制音高時會發揮作用，所以愈常使用並鍛鍊，便愈容易發出想要的音高。

用語解說

ATP
三磷酸腺苷的縮寫，是一種能量形式，參與體內各種化學反應。

B細胞
白血球中的一種淋巴球。和T細胞一起參與免疫反應，分化為產生抗體的漿細胞。

DNA
去氧核醣核酸的縮寫，能讓細胞正常活動，將人類在生命運作所需的所有訊息編組其中。

NK細胞
又稱為自然殺手細胞，白血球中的一種淋巴球。會在血液中巡邏，一發現病毒或細菌等異物就會直接攻擊，有預防感染的作用。名稱相似的NKT細胞則兼具了T細胞與NK細胞之特色，屬於淋巴球的一種。

T細胞
白血球中的一種淋巴球。可依功能區分為4種類型，即協助B細胞產生抗體的輔助T細胞、抑制該抗體的調節T細胞、誘發過敏反應的效應T細胞，以及直接破壞鎖定目標的殺手T細胞。

腎上腺素
也被稱作為「戰鬥或逃跑荷爾蒙」，當動物處於壓力狀態下，比如為了遠離敵人以求自保或捕食獵物等，便會對全身器官發揮作用，引發心率增加、消化器官的運動減弱、瞳孔擴大、痛覺麻痺等反應。

胺基酸
構成蛋白質（打造身體的素材）的物質。

干擾素
直接對已成為病毒宿主的細胞賦予病毒抗性，從而抑制病毒的繁殖。

魏氏梭菌
存在於人類腸道中較具代表性的細菌之一，也廣泛分布於河川、土壤等自然界之中。據說也是放臭屁的原因，還會造成食物中毒。

活性維生素D
有維持體內鈣質的平衡、促進骨頭鈣化的作用。當腎臟功能低落時，活性維生素D的產生也會下降，導致骨頭變得脆弱而容易骨折。

感覺細胞
位於感覺器官中，接收特定刺激的細胞。

感覺神經
負責傳遞身體或內臟的動作與感覺的神經之統稱。

嗅覺細胞
嗅覺受器，分布於距離鼻腔上部5cm左右處的嗅覺黏膜上。

巨核細胞
存在於骨髓中，為最大的造血細胞。可從一個細胞中產生數千個血小板。

肝醣
又稱為動物澱粉，其合成是為了將多餘的葡萄糖儲存於體內備用，要作為能量來運用時，會再度分解為葡萄糖。

漿細胞
指B細胞分化而成的細胞。會釋出抗體來攻擊細菌或病毒。

交感神經
自律神經的一種，在壓力狀態下或興奮之時會較為優勢。又稱為「戰鬥或逃跑神經」，發揮提升全身活動的作用。

抗原
引起免疫反應的物質之統稱。細菌或病毒、花粉或蜱蟎等過敏原皆為抗原。

嗜酸性球
白血球的一種，稍大於嗜中性球，負責在過敏或寄生蟲感染時進行控制。

甲狀腺
位於脖子下方的內分泌器官，會持續分泌能讓身體代謝更活躍的甲狀腺素，以及能調節血中鈣濃度的抑鈣素等荷爾蒙。

抗體
是一種會結合特定抗原並將該異物從體內排除的分子。

嗜中性球
白血球的一種，會吞噬入侵至體內的細菌或真菌類等，有殺菌並防止感染的作用。

膠原蛋白纖維
由膠原蛋白（一種蛋白質）分子匯聚而成，呈纖維狀。有支撐肌膚與骨頭、使之保有彈性的作用。

膽固醇
化為細胞膜或荷爾蒙的材料來參與各種生命活動，是相當重要的物質。若從食物中攝取過多的量，會混入膽汁中排泄出去。

細胞激素
分泌自免疫細胞，負責向其他免疫細胞傳遞訊息。

坐骨神經
從大腿根部一帶延伸至腳尖的長神經。

下視丘
間腦的一部分。是負責調整自律神經的中樞，具備維持生命最重要的功能。綜合性地調節全身的荷爾蒙分泌，本身也會分泌荷爾蒙。

樹突細胞
一種接收細菌或病毒等抗原之訊息的細胞，會傳遞給其他免疫細胞以促進攻擊或抗體的產生。

初潮
始於青春期的第一次月經。

自律神經
此神經是負責控制內臟、內分泌腺、外分泌腺、血管等涉及生命維持的器官，無法憑自己的意志來控制。比如心跳、呼吸、血壓、體溫等，皆由自律神經所調節。

腎炎
腎臟發炎而出現尿量減少、腫脹、血尿、蛋白尿等症狀。可分為急性與慢性，急性大多是溶血性鏈球菌感染所致。

神經傳導物質
由腦部神經細胞所產生的化學物質。透過刺激或抑制神經細胞來調整腦部的活動。

腎衰竭
腎臟功能下降至低於正常時的30%的狀態，原因在於免疫系統異常或高血壓、糖尿病等。

類固醇激素
從膽固醇中產生的荷爾蒙。有時會以合成方式製成治療藥物來使用。

性腺
又稱為生殖腺，男性的精巢、女性的卵巢即屬於此類。

初精

進入青春期後的第一次射精。

脊髓神經

從脊髓延伸出來的一種末梢神經。

骶脊髓

直接從脊髓延伸的神經之一。出自脊椎下方的骶骨部位。

體感覺區

腦部中負責感知來自皮膚或骨骼肌等處的感覺的地方。

大腸桿菌

存在於人類腸道中較具代表性的細菌之一。大腸桿菌也有細部的分類，大部分無害，但有幾種會造成嚴重的中毒。常引發集體食物中毒的O157型即為致病性大腸桿菌之一。

大腦皮質

由多層神經細胞並排而成，是肩負感覺、運動與精神活動之中樞的部位。

膽汁酸

在肝臟中由膽固醇合成而成。作用在於分解並幫助吸收食物中所含的脂質。

蛋白質

由名為胺基酸的高分子化合物所組成，是構成無數生物細胞的物質。為製造蛋白質所用的胺基酸多達20種。

腸球菌

腸內的常在菌，呈球形狀。在一般情況下是無害的，但在免疫力下降等時候，則有可能引起敗血症等。

腸道菌群

又稱為腸內菌叢。各式各樣的細菌會依類型匯聚，密集地棲息於腸內的壁面上，其模樣猶如植物依類型群生的花田（花叢）般，故得此名。

電解質

指溶解於水就會解離成正離子與負離子的物質。可調節細胞的滲透壓，還參與神經細胞與肌肉細胞的作用。

醣類

從碳水化合物中除去食物纖維後的餘留物。為身體的主要能量來源，米飯、麵包、麵條等主食類，或薯類、砂糖、蜂蜜、點心等皆含有大量醣類。

透析療法

以人工方式進行血液淨化的一種治療法，藉此代替衰退的腎臟功能。

糖尿病

負責降低血糖值的胰島素無法充分發揮作用而導致血中葡萄糖增加的一種疾病。持續的高血糖狀態會損傷血管，還會造成心臟病、失明與腎衰竭等各式各樣的併發症。

突發性聽力異常

指突然發生且原因不明的聽力異常。不包括隨著時間推移而逐漸喪失聽力，或是突發性但已知原因的聽力異常。

第二性徵

男性是精巢，女性則是卵巢，在發育後會各自分泌性荷爾蒙而開始具備生殖能力。

乳酸菌

為代謝醣類並產生乳酸的細菌類之統稱。有讓腸內傾向於酸性的作用，藉此防止腐壞物質的產生。

失智症：阿茲海默型

因腦部逐漸萎縮所引起的失智症，占失智症的60～70%。

失智症：路易氏體型

異常的蛋白質堆積於一種名為路易氏體的神經細胞中所引起的失智症。約占整體失智症的20%，一般認為男性的發病率特別高。

失智症：額顳葉型

腦部的額葉與顳葉逐漸萎縮所引起的失智症。與其他失智症不同，獲日本認定為「指定難病」。健忘的狀況不多，但人格上的變化與不符合常識的行動格外顯著。

失智症：血管性失智症
蜘蛛網膜下腔出血或腦部血管疾病導致腦部血管堵塞所引起的失智症。據說原因在於動脈硬化、高血壓或糖尿病等生活習慣。

正腎上腺素
分泌自腎上腺髓質或交感神經末端。作用同腎上腺素，會引起血管收縮而使血壓上升。

穿孔素
內含於NK細胞等的物質。會在標的細胞的細胞膜上鑽孔。

排卵
指卵子從卵巢中釋放出來。

破骨細胞
參與溶解骨骼，並調整血中鈣濃度。

膽紅素
壽終正寢的紅血球中的血紅素在肝臟遭代謝之後所形成的物質。是一種黃色色素，但排出體外接觸到空氣後，看起來像綠色。排泄物呈褐色或黃色便是這種物質造成的。

副交感神經
自律神經的一種，其作用與交感神經相反。在放鬆時較為優勢，會儲存能量並促進消化、吸收與排泄。

腎上腺
位於腎臟上方的器官，可區分為位於外側的腎上腺皮質與位於內側的腎上腺髓質。腎上腺皮質會分泌類固醇激素，參與血糖值的提升、消炎作用、抗壓作用等。腎上腺髓質則會分泌腎上腺素與正腎上腺素，前者可提升心率或提高血糖值，後者則讓血管收縮以提升血壓。

葡萄糖
以血糖的形式在血液中循環，作為細胞的能量來源來運用。

瓣膜
血管內膜經特殊演化而成。附著於管壁上，流往心臟的血流可以通過，卻不會逆流。

巨噬細胞
白血球的一種，如變形蟲般在體內移動，吞食並消化已死的細胞或細菌等異物，發揮如清潔人員般的作用。

黑色素
一種黑褐色的色素，有在皮膚表面吸收紫外線的作用，藉此防止細胞核的DNA受損。

微血管
血管管壁的細胞之間有很大的縫隙，所以血液中所含的水分、營養素、氧氣等，可以通過縫隙與來自組織的二氧化碳或老廢物質進行交換。

磷脂
骨頭與牙齒的成分「磷酸」與「脂質」結合而成的物質之統稱。主要位於細胞表面，除了構成細胞膜外，還有讓血液中的脂肪溶解於水的作用。

淋巴球
白血球的一種，可分為T細胞、B細胞與NK（自然殺手）細胞，分別參與體內的免疫功能。

索引

＊按照筆劃順序排列

11

12

13

監修 **松本佐保姬** 松本內科診所院長

醫生、醫學博士。東京大學醫學系畢業。曾在東京大學醫學部的附屬醫院「三井紀念醫院」裡當內科與循環器官內科的門診醫生，後來活用其無數臨床經驗，於2016年開設了松本內科診所。育有4兒，是個為育兒奮戰的現役醫生媽媽。以「公主醫生」的暱稱廣為人知，是名扎根地區的「家庭醫生」，診治項目以一般內科、循環器官內科、糖尿病內科與生活習慣病為主。

Staff

角色的插畫與漫畫
あらいぴろよ

藝術指導
石倉ヒロユキ

設計
regia（和田美沙季、小池佳代、若月恭子、上條美来）

編輯・撰稿助理
中村克子、regia（羽鳥明弓）

校對
大道寺ちはる

參考文獻

《運動・からだ図解生理学の基本》中島雅美監修（マイナビ）
《〔大人のための図鑑〕脳と心のしくみ》池谷裕二監修（新星出版社）
《面白いほどよくわかる人体のしくみ》山本真樹監修（日本文芸社）
《カラー図解生理学の基本がわかる事典》石川隆監修（西東社）
《からだのしくみ事典》浅野伍朗監修（成美堂出版）
《からだのしくみと病気がわかる事典》高田明和監修（日本文芸社）
《図解入門よくわかる生理学の基本としくみ》當瀬規嗣著（秀和システム）
《好きになる解剖学》竹内修二著（講談社）
《好きになる生理学》田中越郎著（講談社）
《セラピストなら知っておきたい解剖生理学》野溝明子著（秀和システム）
《全図解からだのしくみ事典》安藤幸夫監修（日本実業出版社）

知道了更有趣的人體解剖圖鑑

2021年 7 月1日初版第一刷發行
2023年11月1日初版第二刷發行

監　　修　松本佐保姬
漫　　畫　あらいぴろよ
譯　　者　童小芳
編　　輯　曾羽辰
特約美編　鄭佳容
發 行 人　若森稔雄
發 行 所　台灣東販股份有限公司
　　　　　＜地址＞台北市南京東路4段130號2F-1
　　　　　＜電話＞(02)2577-8878
　　　　　＜傳真＞(02)2577-8896
　　　　　＜網址＞http://www.tohan.com.tw
郵撥帳號　1405049-4
法律顧問　蕭雄淋律師
總 經 銷　聯合發行股份有限公司
　　　　　＜電話＞(02)2917-8022

國家圖書館出版品預行編目(CIP)資料

知道了更有趣的人體解剖圖鑑/松本佐保姬監修；あらいぴろよ漫畫；童小芳譯. -- 初版. -- 臺北市：臺灣東販股份有限公司, 2021.07
160面；14.4×20.8公分
譯自：世界一やさしい!：からだ図鑑 キャラでたのしく解剖生理!
ISBN 978-626-304-664-1(平裝)

1.人體解剖學

394　　110008697